영역별 반복집중학습 프로그램

기탄영역별수학 도형·측정편

수학과 교육과정에서 초등학교 수학 내용은 '수와 연산', '도형', '측정', '규칙성', '자료와 가능성'의 5개 영역으로 구성되는데, 우리가 이 교재에서 다룰 영역은 '도형·측정'입니다.

'도형' 영역에서는 평면도형과 입체도형의 개념, 구성요소, 성질과 공간감각을 다룹니다. 평면도형이나 입체도형의 개념과 성질에 대한 이해는 실생활 문제를 해결하는 데 기초가 되며, 수학의 다른 영역의 개념과 밀접하게 관련되어 있습니다. 또한 도형을 다루는 경험으로부터 비롯되는 공간감각은 수학적 소양을 기르는 데 도움이 됩니다.

'측정' 영역에서는 시간, 길이, 들이, 무게, 각도, 넓이, 부피 등 다양한 속성의 측정과 어림을 다룹니다. 우리 생활 주변의 측정 과정에서 경험하는 양의 비교, 측정, 어림은 수학 학습을 통해 길러야 할 중요한 기능이고, 이는 실생활이나 타 교과의 학습에서 유용하게 활용되며, 또한 측정을 통해 길러지는 양감은 수학적 소양을 기르는 데 도움이 됩니다.

이 책의 특징

1. 부족한 부분에 대한 집중 연습이 가능

도형·측정 영역은 직관적으로 쉽다고 느끼는 아이들도 있지만, 많은 아이들이 수·연산 영역에 비해 많이 어려워합니다.
길이, 무게, 넓이 등의 여러 속성을 비교하거나 어림해야 할 때는 섬세한 양감능력이 필요하고, 입체도형의 겉넓이나 부피를 구해야 할 때는 도형의 속성, 전개도의 이해는 물론 계산능력까지도 필요합니다. 도형을 돌리거나 뒤집는 대칭이동을 알아볼 때는 실제 해본 경험을 토대로 하여 형성된 추론능력이 필요하기도 합니다.
다른 여러 영역에 비해 도형·측정 영역은 이렇게 종합적이고 논리적인 사고와 직관력을 동시에 필요로 하기 때문에 문제 상황에 익숙해지기까지는 당황스러울 수밖에 없습니다.
하지만 절대 걱정할 필요가 없습니다.
기초부터 차근차근 쌓아 올라가야만 다른 단계로의 확장이 가능한 수·연산 등 다른 영역과 달리, 도형·측정 영역은 각각의 내용들이 독립성 있는 경우가 대부분이어서 부족한 부분만 집중 연습해도 충분히 그 부분의 완성도 있는 학습이 가능하기 때문입니다.
이번에 기탄에서 출시한 기탄영역별수학 도형·측정편으로 부족한 부분을 선택하여 집중적으로 연습해 보세요. 원하는 만큼 실력과 자신감이 쑥쑥 향상됩니다.

2. 학습 부담 없는 알맞은 분량

내게 부족한 부분을 선택해서 집중 연습하려고 할 때, 그 부분의 학습 분량이 너무 많으면 부담 때문에 시작하기조차 힘들 수 있습니다.
무조건 문제 수가 많은 것보다 학습의 흥미도를 떨어뜨리지 않는 범위 내에서 필요한 만큼 충분한 양일 때 학습효과가 가장 좋습니다.
기탄영역별수학 도형·측정편은 다루어야 할 내용을 세분화하여, 한 가지 내용에 대한 학습량도 권당 80쪽, 쪽당 문제 수도 3~8문제 정도로 여유 있게 배치하여 학습 부담을 줄이고 학습효과는 높였습니다.
학습자의 상태를 가장 많이 고민한 책, 기탄영역별수학 도형·측정편으로 미루어 두었던 수학에의 도전을 시작해 보세요.

이 책의 구성

★ 본 학습

제목을 통해 이번 차시에서 학습해야 할 내용이 무엇인지 짚어 보고, 그것을 익히기 위한 최적화된 연습문제를 반복해서 집중적으로 풀어 볼 수 있습니다.

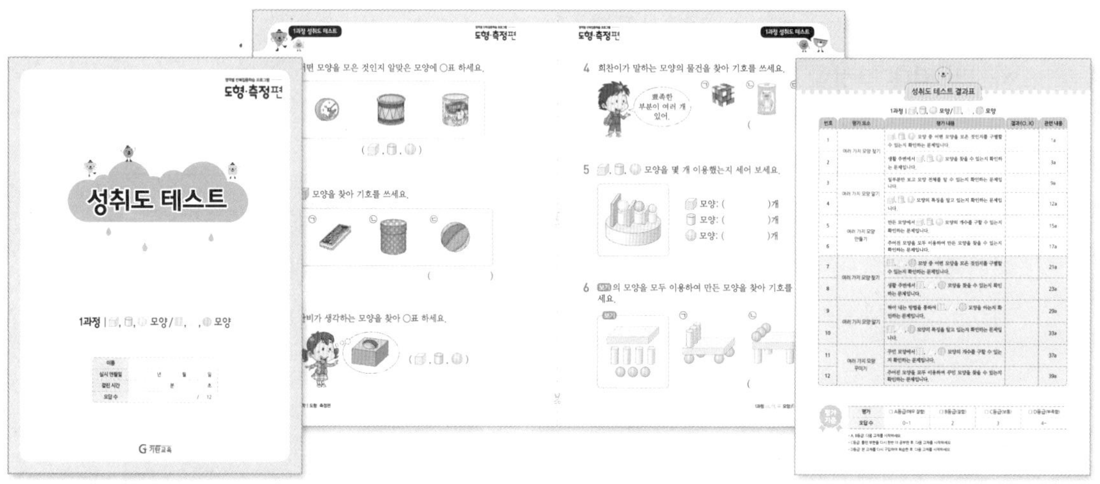

★ 성취도 테스트

성취도 테스트는 본문에서 집중 연습한 내용을 최종적으로 한번 더 확인해 보는 문제들로 구성되어 있습니다. 성취도 테스트를 풀어 본 후, 결과표에 내가 맞은 문제인지 틀린 문제인지 체크를 해가며 각각의 문항을 통해 성취해야 할 학습목표와 학습내용을 짚어 보고, 성취된 부분과 부족한 부분이 무엇인지 확인합니다.

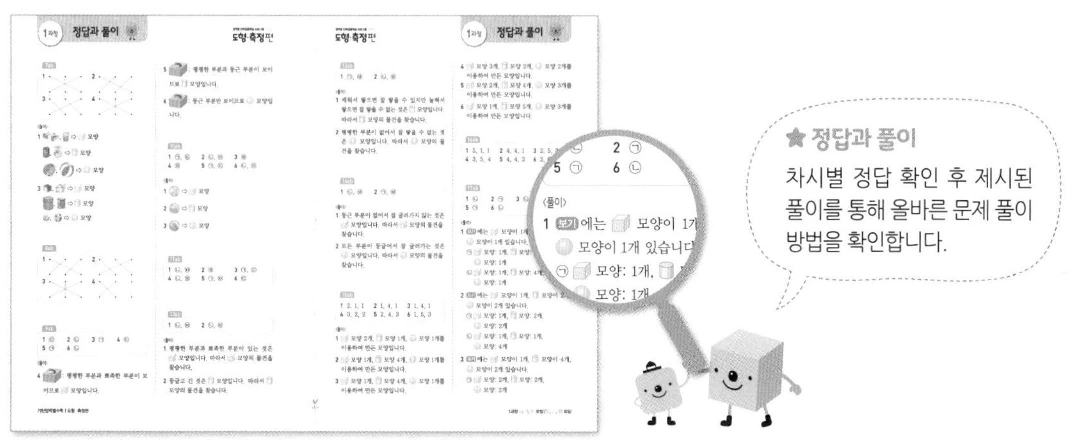

★ 정답과 풀이

차시별 정답 확인 후 제시된 풀이를 통해 올바른 문제 풀이 방법을 확인합니다.

기탄영역별수학
도형·측정편

모양

· ▢, △, ○ 모양

기초부터 탄탄하게
기탄교육

□, ⌷, ○ 모양

□, △, ○ 모양

여러 가지 모양 찾기

이름 :

날짜 :

시간 : : ~ :

같은 모양끼리 모으기 ①

★ 어떤 모양을 모은 것인지 알맞은 모양에 ○표 하세요.

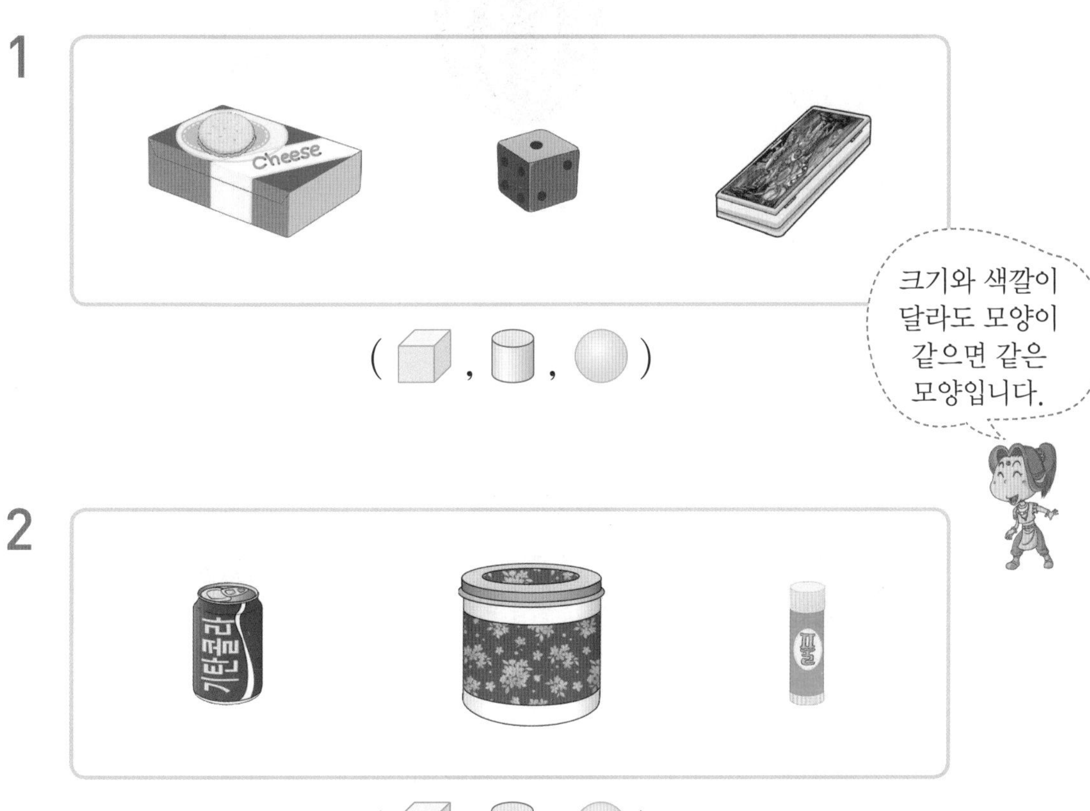

1 (, ,)

2 (, ,)

3

(, ,)

4

(, ,)

5

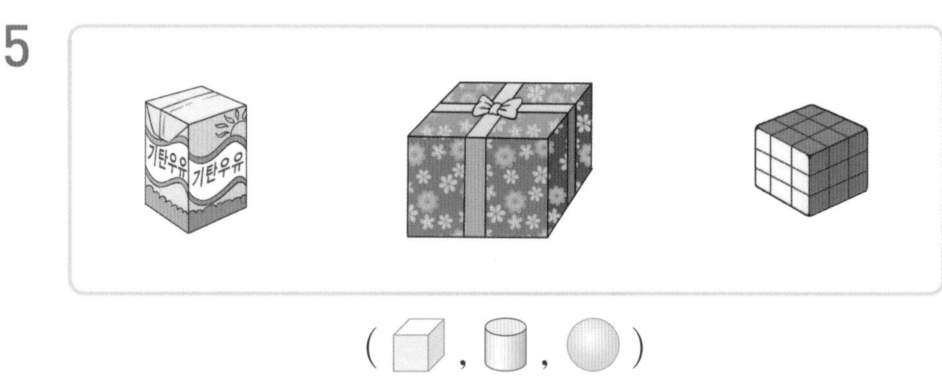

(, ,)

6

(, ,)

이름 :
날짜 :
시간 : : ~ :

여러 가지 모양 찾기

같은 모양끼리 모으기 ②

★ 어떤 모양을 모은 것인지 알맞은 모양에 ○표 하세요.

1

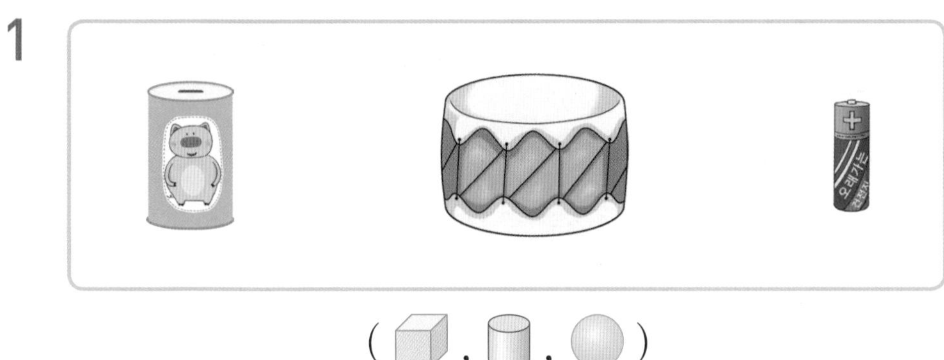

(, ,)

2

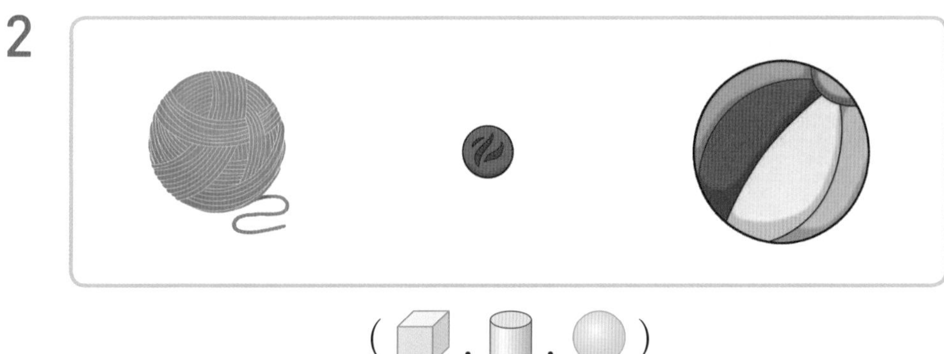

(, ,)

3

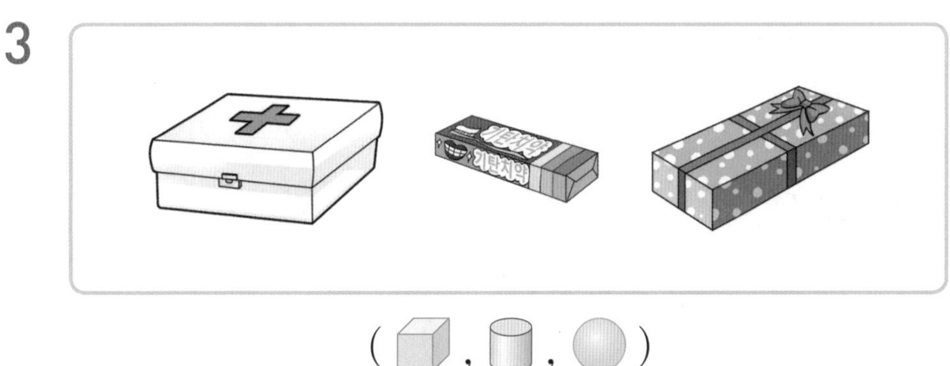

(, ,)

4

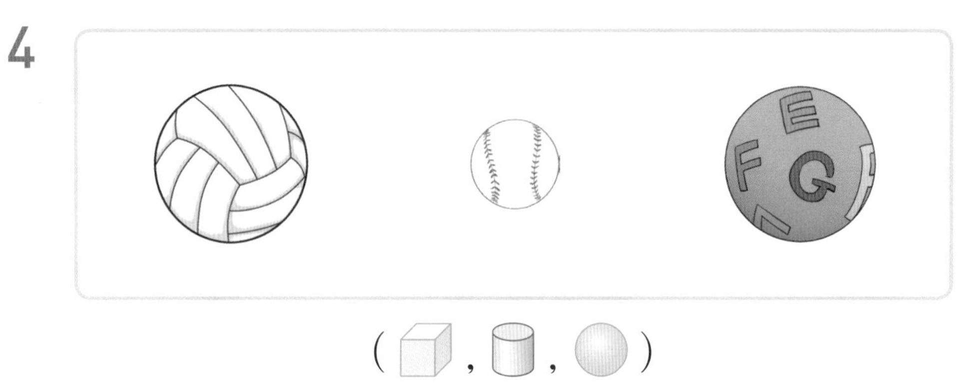

(, ,)

5

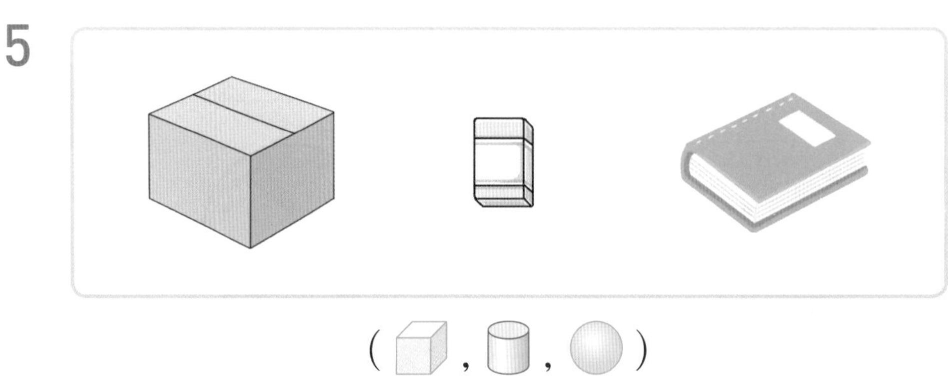

(, ,)

6

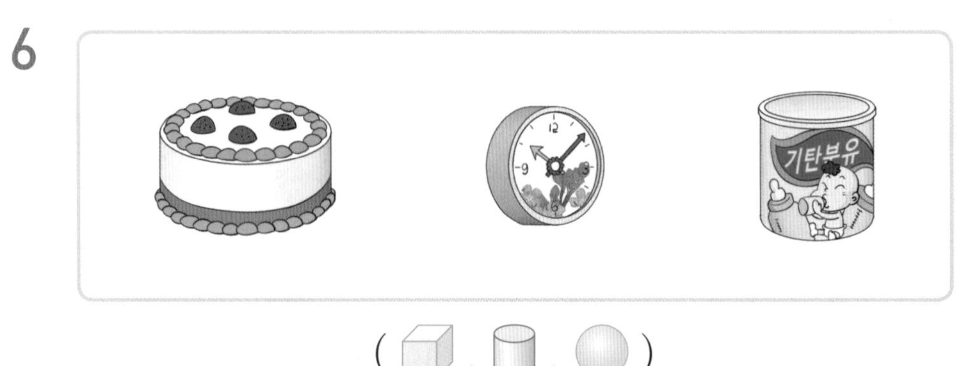

(, ,)

이름 :
날짜 :
시간 : : ~ :

여러 가지 모양 찾기

알맞은 모양 찾기 ①

모양에는 냉장고, 모양에는 케이크, 모양에는 비치 볼 등이 있습니다.

1 모양을 찾아 기호를 쓰세요.

( )

2 모양을 찾아 기호를 쓰세요.

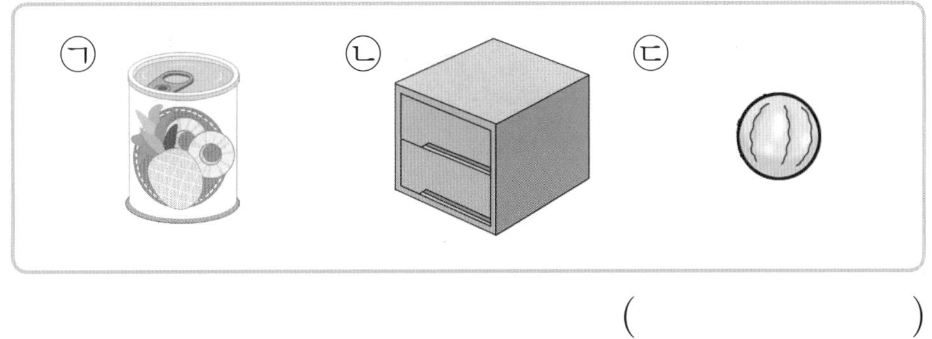

( )

3 모양을 찾아 기호를 쓰세요.

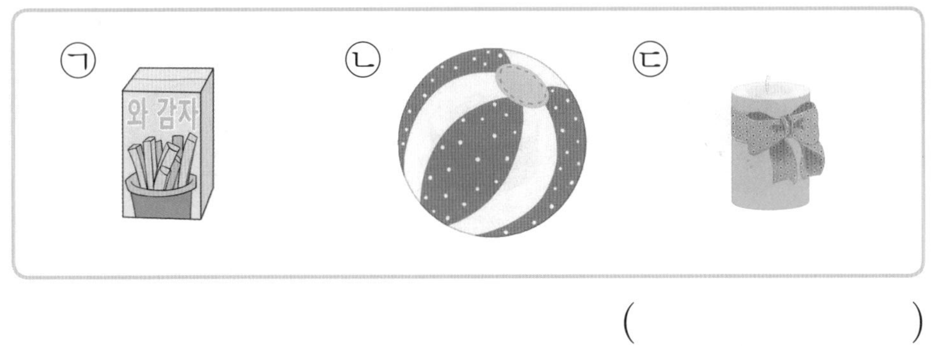

( )

4 모양을 찾아 기호를 쓰세요.

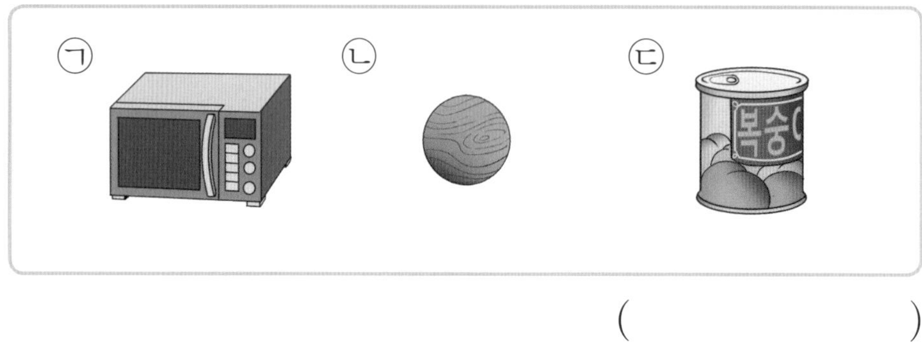

(　　　　　　　　)

5 모양을 찾아 기호를 쓰세요.

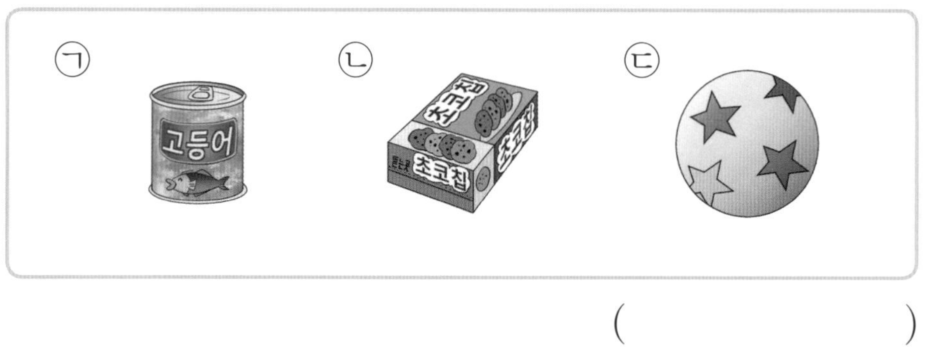

(　　　　　　　　)

6 모양을 찾아 기호를 쓰세요.

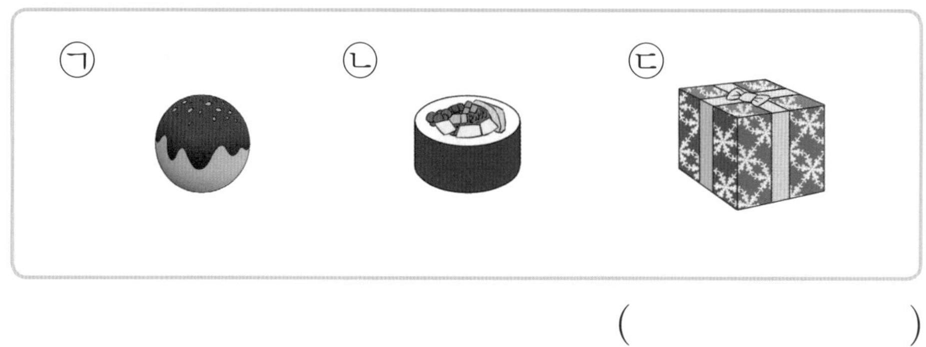

(　　　　　　　　)

여러 가지 모양 찾기

이름 :
날짜 :
시간 : : ~ :

알맞은 모양 찾기 ②

1 ( ) 모양을 찾아 기호를 쓰세요.

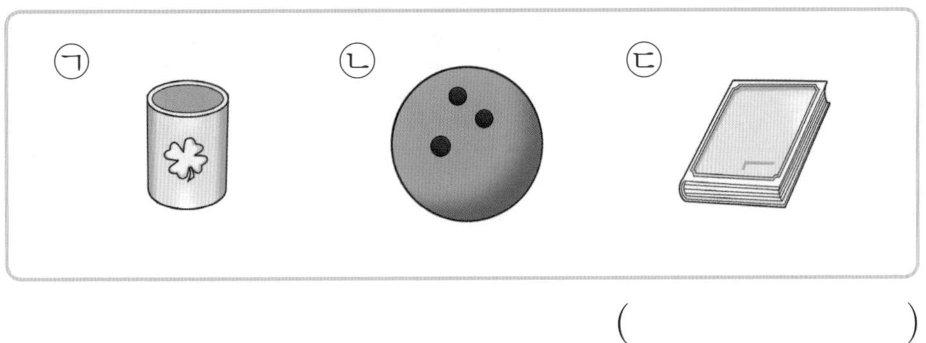

( )

2 ( ) 모양을 찾아 기호를 쓰세요.

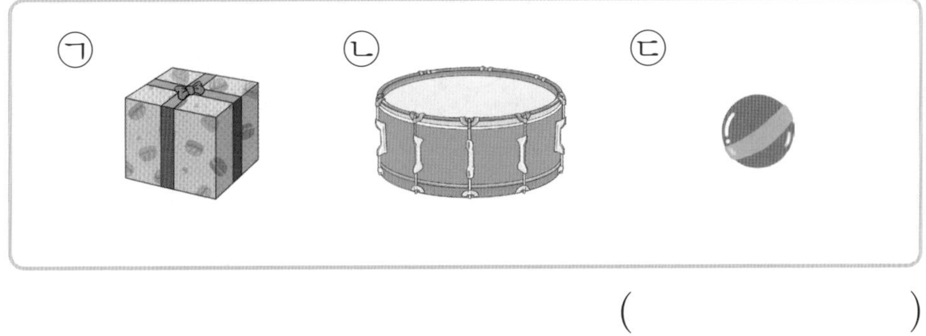

( )

3 ( ) 모양을 찾아 기호를 쓰세요.

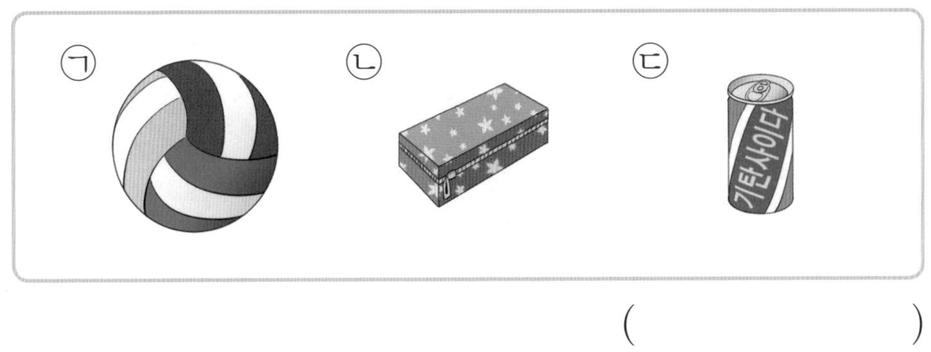

( )

4 모양을 찾아 기호를 쓰세요.

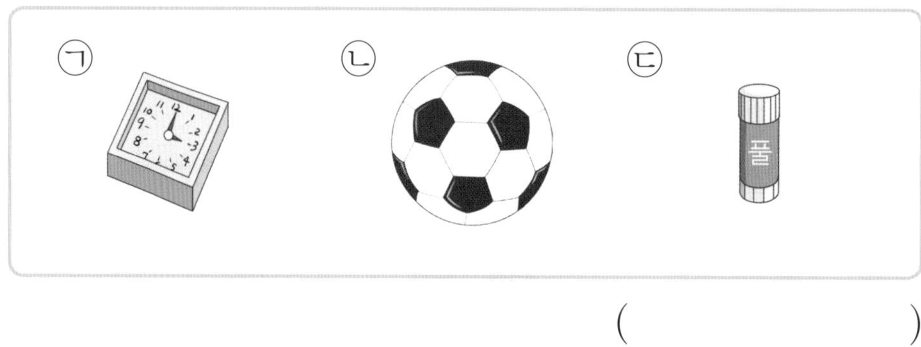

(　　　　　　　　)

5 모양을 찾아 기호를 쓰세요.

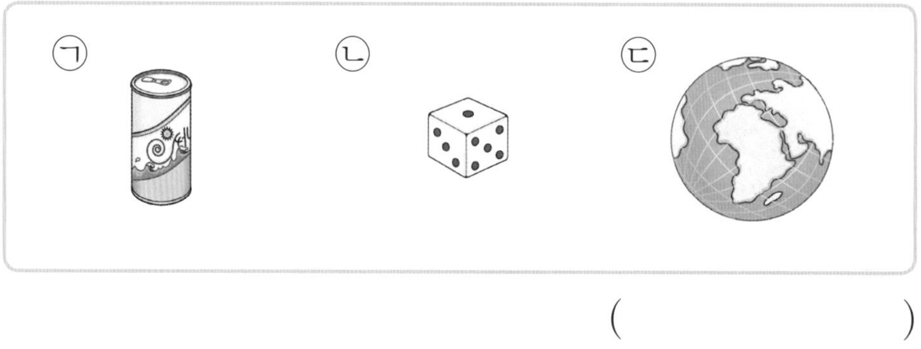

(　　　　　　　　)

6 모양을 찾아 기호를 쓰세요.

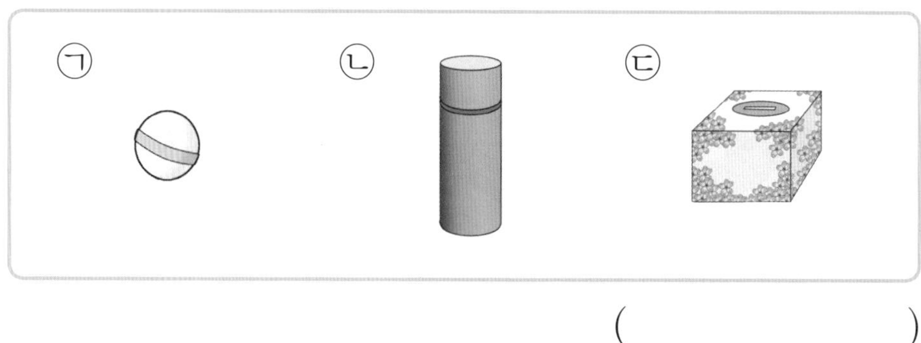

(　　　　　　　　)

이름 :
날짜 :
시간 : : ~ :

여러 가지 모양 찾기

알맞은 모양 찾기 ③

★ 그림을 보고 물음에 답하세요.

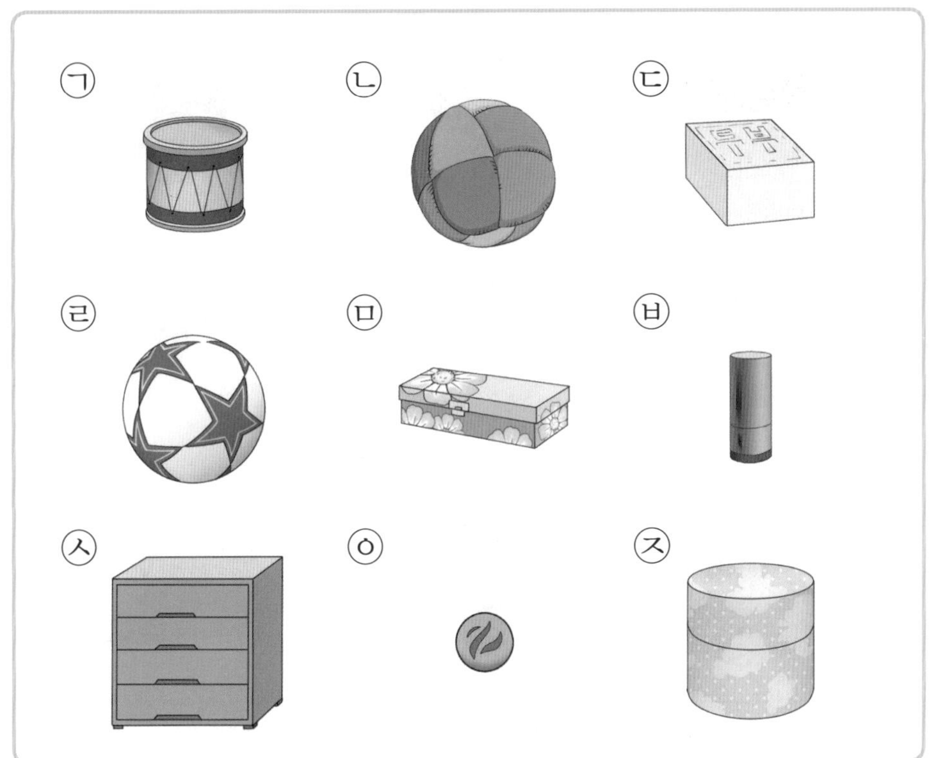

1 모양을 모두 찾아 기호를 쓰세요.

( )

2 모양을 모두 찾아 기호를 쓰세요.

( )

3 모양을 모두 찾아 기호를 쓰세요.

( )

★ 그림을 보고 물음에 답하세요.

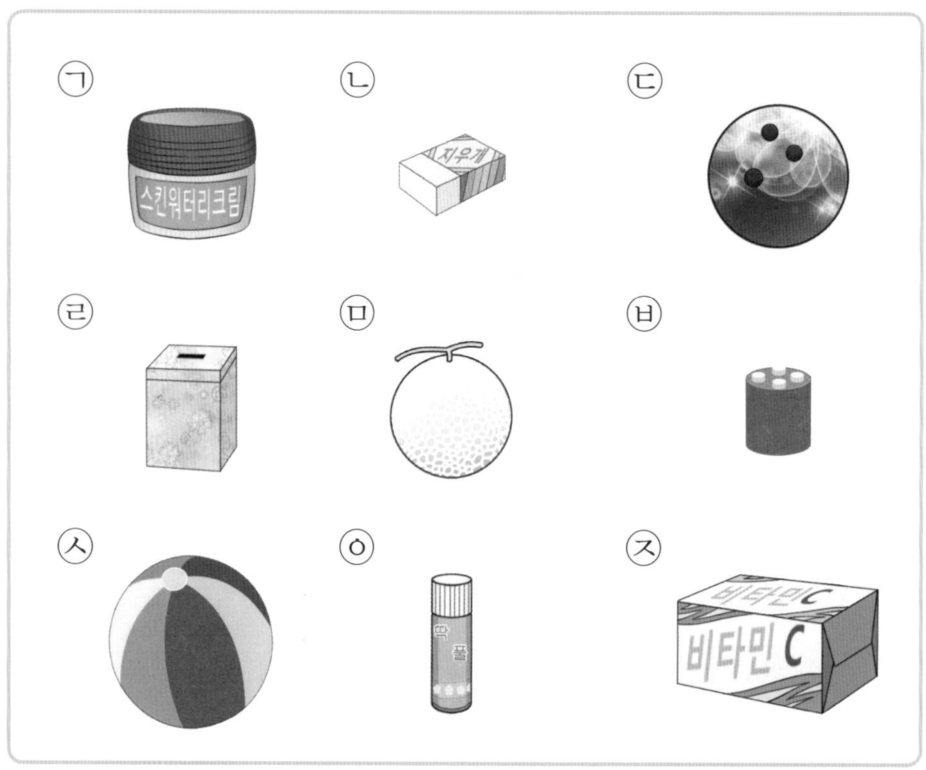

4 모양을 모두 찾아 기호를 쓰세요.

( )

5 모양을 모두 찾아 기호를 쓰세요.

( )

6 모양을 모두 찾아 기호를 쓰세요.

( )

이름 :
날짜 :
시간 : : ~ :

여러 가지 모양 찾기

알맞은 모양 찾기 ④

★ 그림을 보고 물음에 답하세요.

1 (상자) 모양을 모두 찾아 기호를 쓰세요.

( )

2 (둥근 기둥) 모양을 모두 찾아 기호를 쓰세요.

( )

3 (공) 모양을 모두 찾아 기호를 쓰세요.

( )

★ 그림을 보고 물음에 답하세요.

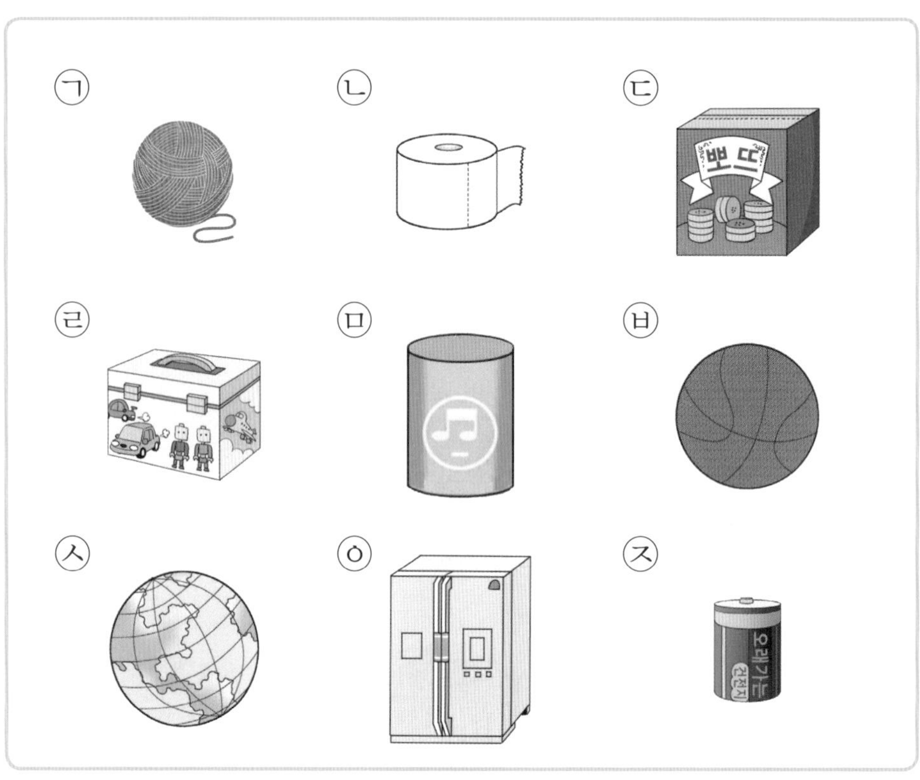

4 ▢ 모양을 모두 찾아 기호를 쓰세요.

(　　　　　　　　　　)

5 ▢ 모양을 모두 찾아 기호를 쓰세요.

(　　　　　　　　　　)

6 ○ 모양을 모두 찾아 기호를 쓰세요.

(　　　　　　　　　　)

여러 가지 모양 찾기

이름 :
날짜 :
시간 : : ~ :

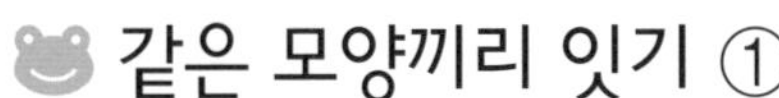

같은 모양끼리 잇기 ①

★ 같은 모양끼리 이어 보세요.

1

2

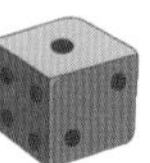

★ 같은 모양끼리 이어 보세요.

3

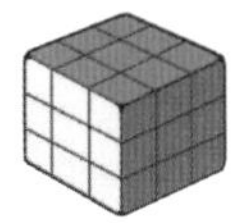

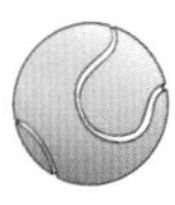

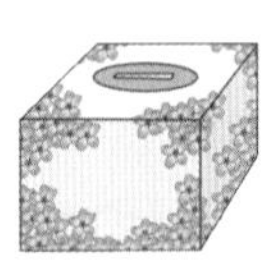

4

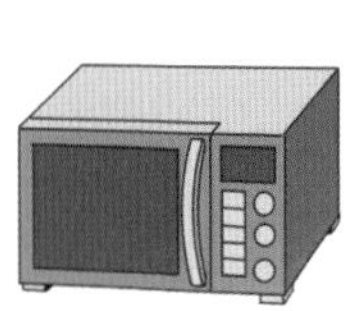

여러 가지 모양 찾기

이름 :
날짜 :
시간 : : ~ :

같은 모양끼리 잇기 ②

★ 같은 모양끼리 이어 보세요.

1

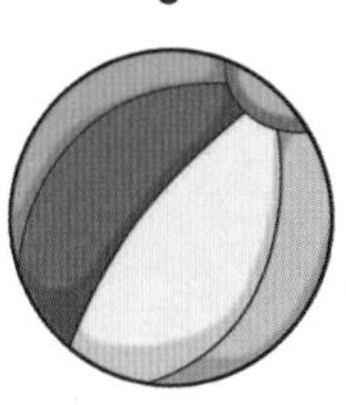
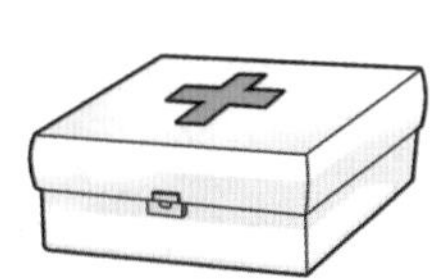
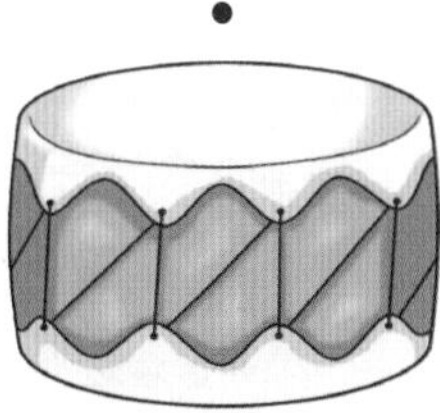

2

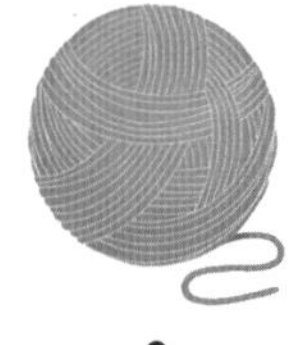

★ 같은 모양끼리 이어 보세요.

3

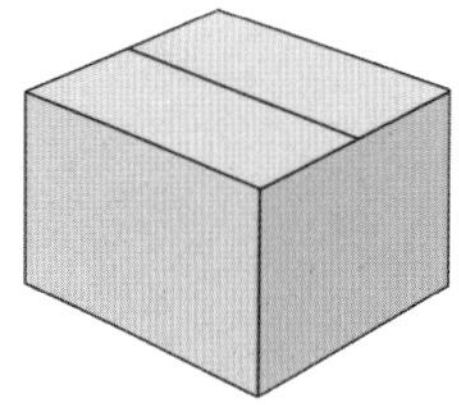

4

여러 가지 모양 알기

이름 :
날짜 :
시간 : : ~ :

물건의 부분을 보고 [상자], [원기둥], [공] 모양 알기 ①

★ 상자 안의 물건을 보고 알맞게 이어 보세요.

1 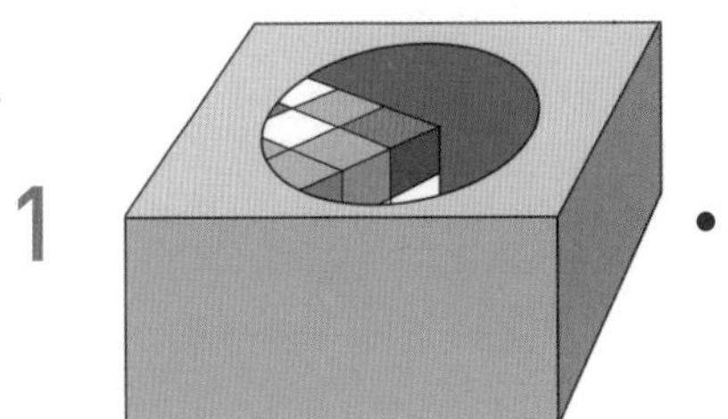 • • ㉠ 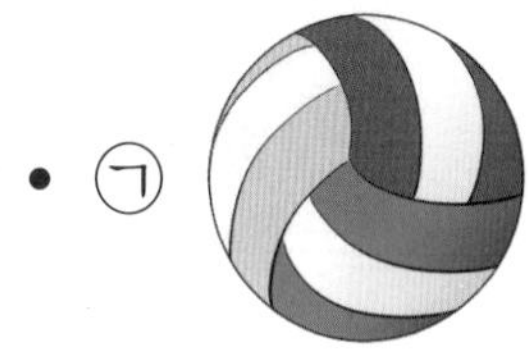

2 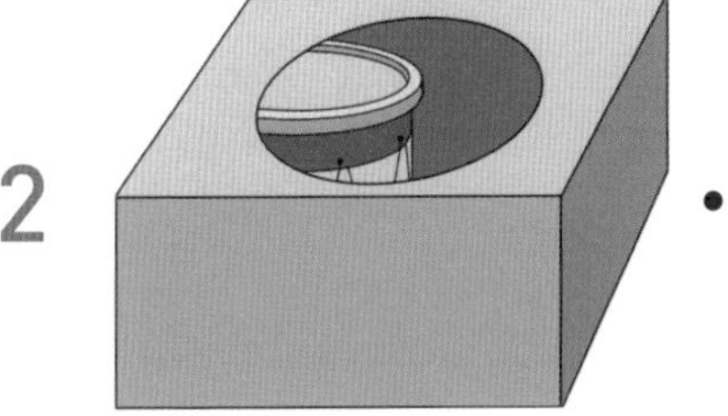 • • ㉡ 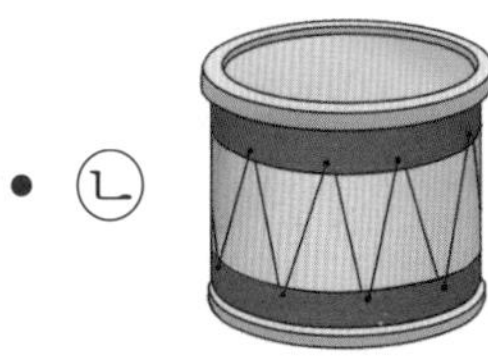

3 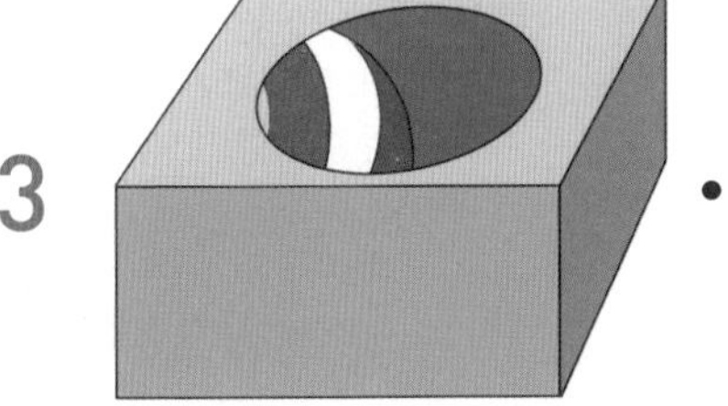 • • ㉢ 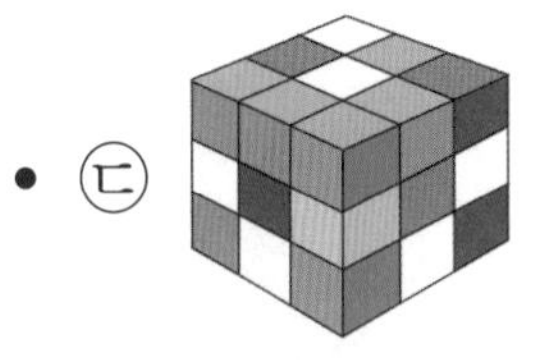

★ 상자 안의 물건을 보고 알맞게 이어 보세요.

4 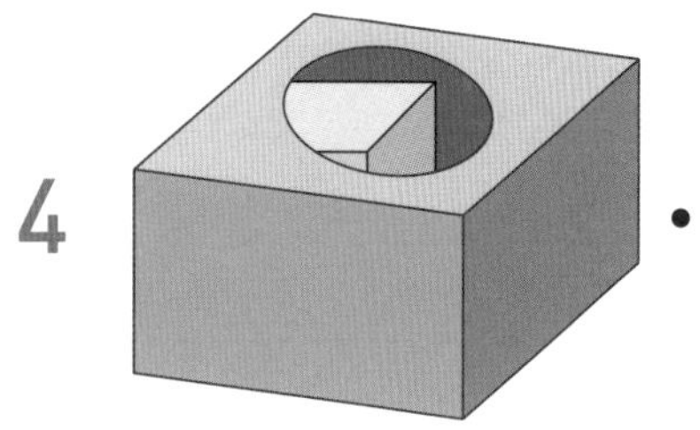 •

• ㉠ 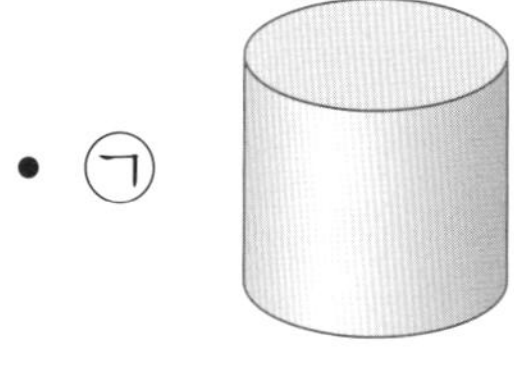

5 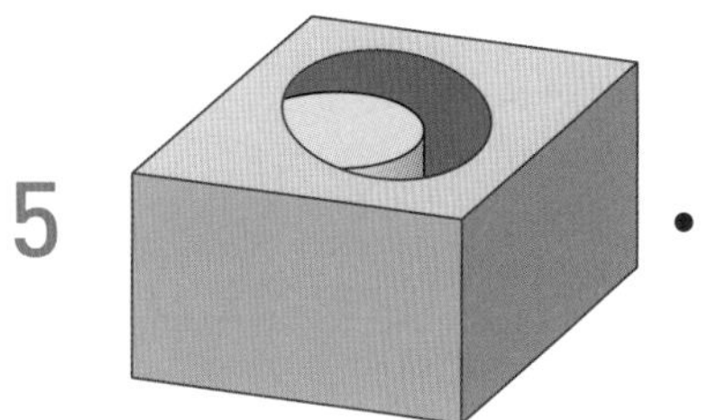 •

• ㉡ 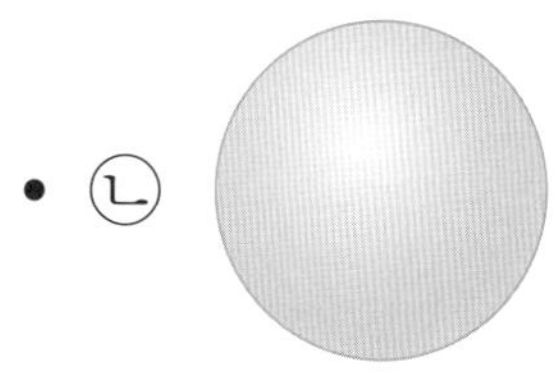

6 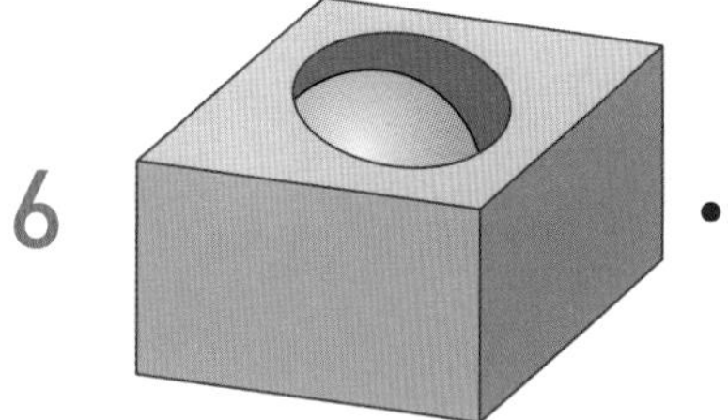 •

• ㉢ 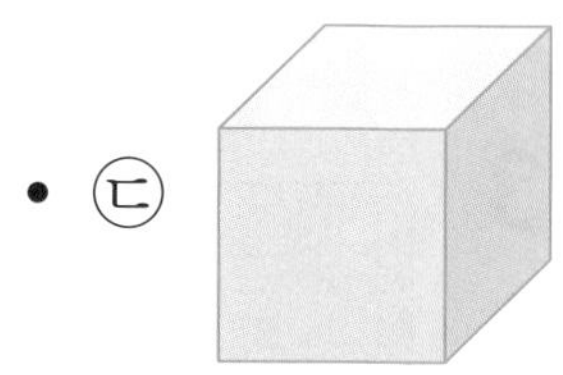

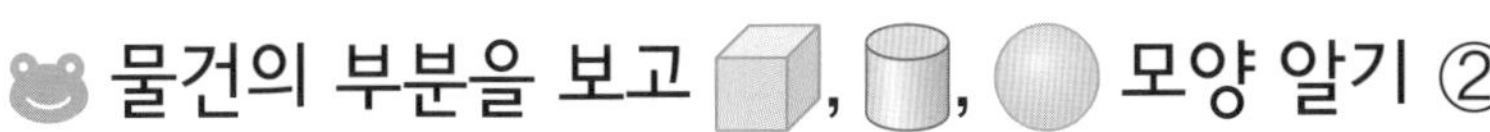

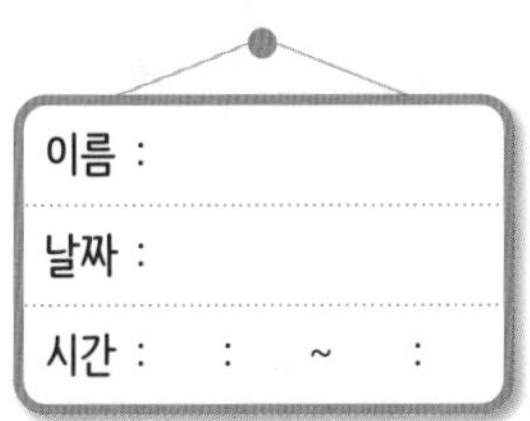

물건의 부분을 보고 , , 모양 알기 ②

★ 모양에 알맞은 물건을 모두 찾아 이어 보세요.

1 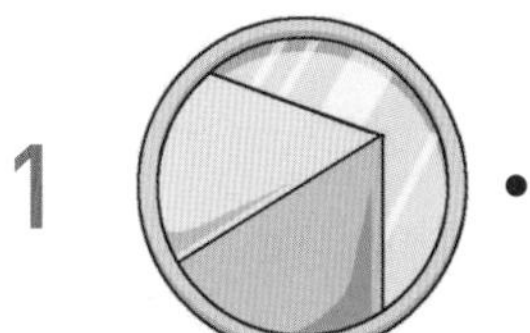 •

2  •

3 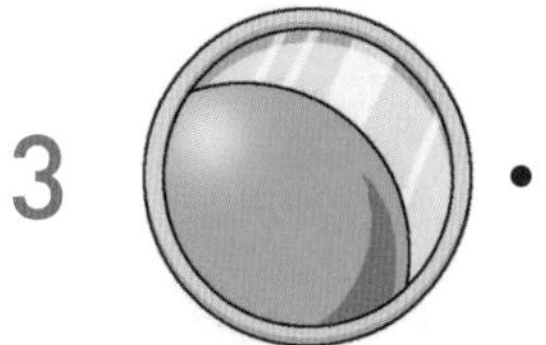 •

• ㉠ 

• ㉡ 

• ㉢ 

• ㉣ 

• ㉤ 

★ 모양에 알맞은 물건을 모두 찾아 이어 보세요.

㉠ 

4 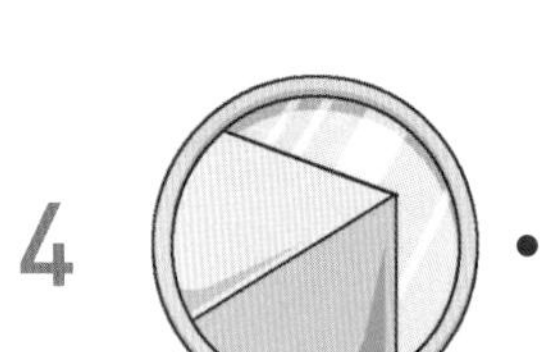

㉡ 

5 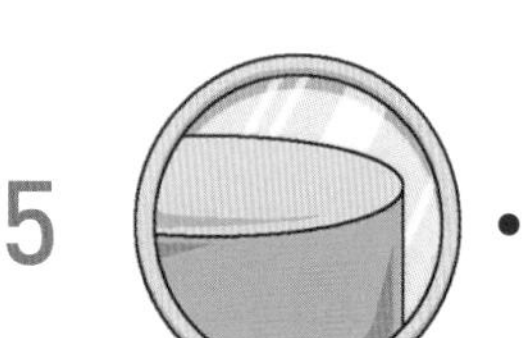

㉢ 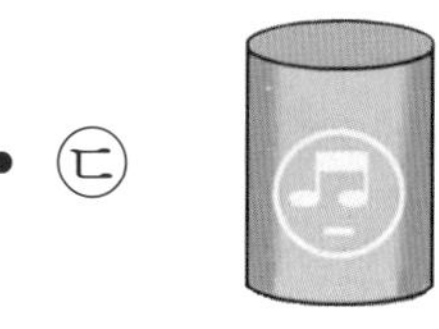

㉣ 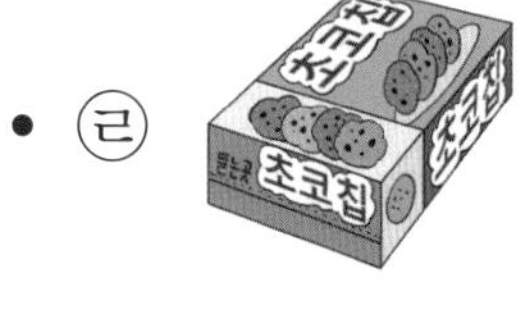

6 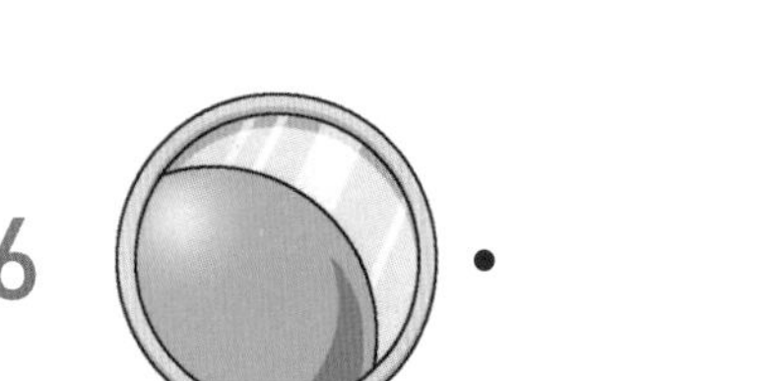

㉤ 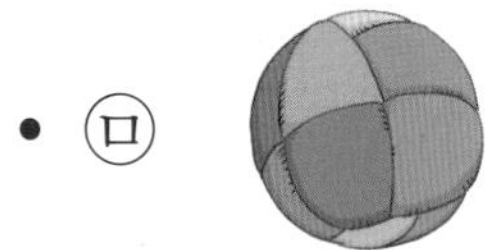

여러 가지 모양 알기

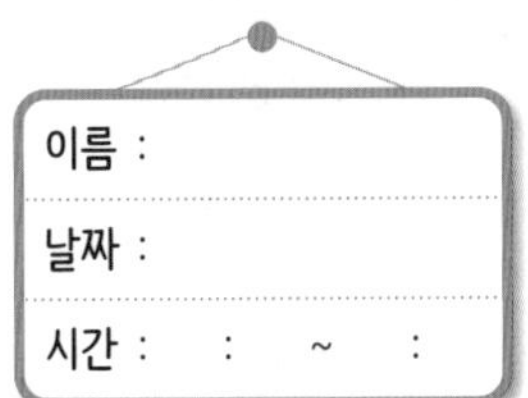

 물건의 부분을 보고 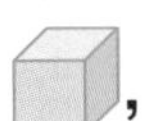, 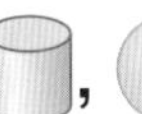,  모양 알기 ③

★ 모양에 알맞은 물건을 모두 찾아 이어 보세요.

1 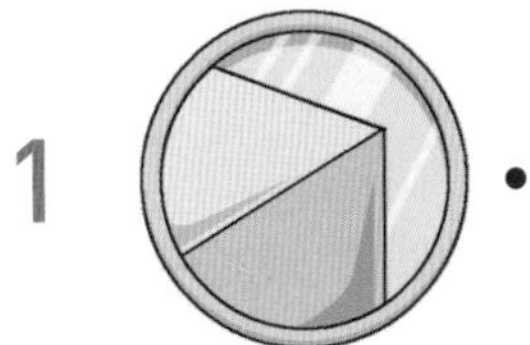 •

• ㉠ 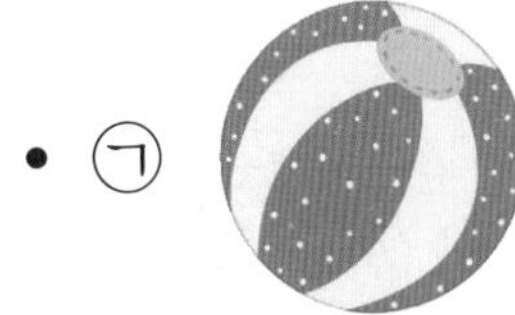

• ㉡ 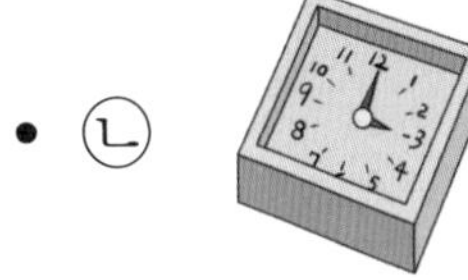

2  •

• ㉢  

3 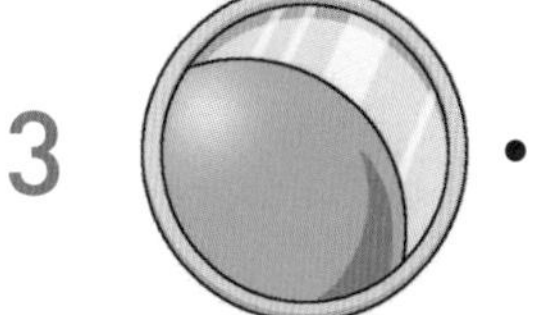 •

• ㉣  

• ㉤ 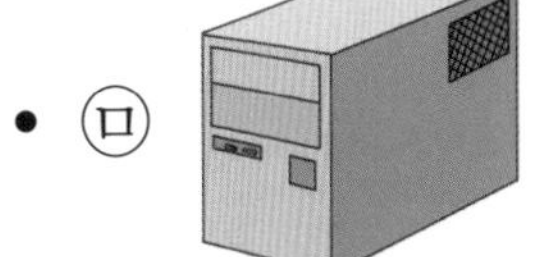

★ 모양에 알맞은 물건을 모두 찾아 이어 보세요.

4 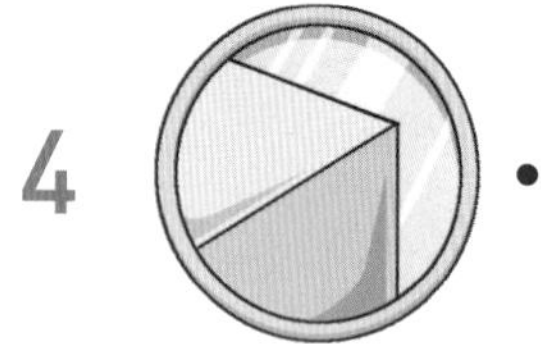

5 

6 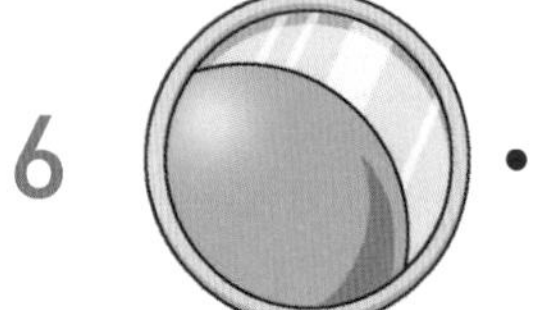

여러 가지 모양 알기

이름 :
날짜 :
시간 :   :   ~   :

, , 모양의 특징 알기 ①

1 성훈이가 말한 모양의 물건을 모두 찾아 기호를 써 보세요.

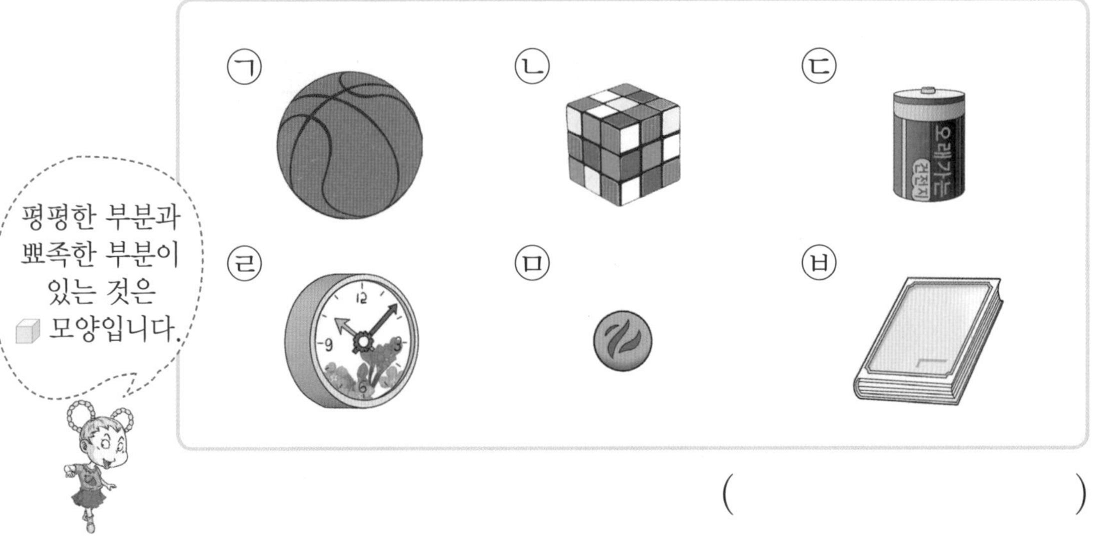

평평한 부분과 뾰족한 부분이 있는 것은 모양입니다.

(   )

2 민지가 말한 모양의 물건을 모두 찾아 기호를 써 보세요.

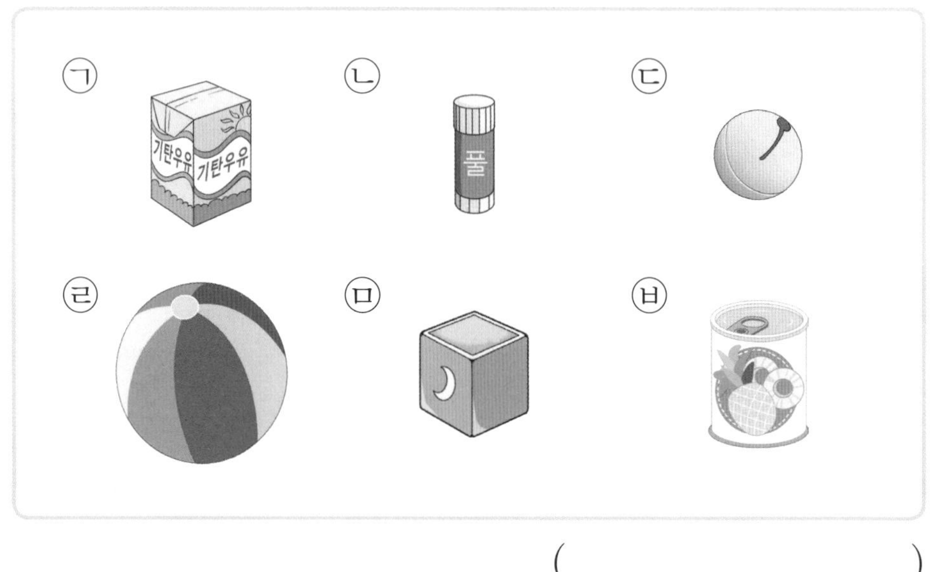

( )

여러 가지 모양 알기

이름 :
날짜 :
시간 : : ~ :

🐸 ▢, ▢, ○ 모양의 특징 알기 ②

1 종명이가 말한 모양의 물건을 모두 찾아 기호를 써 보세요.

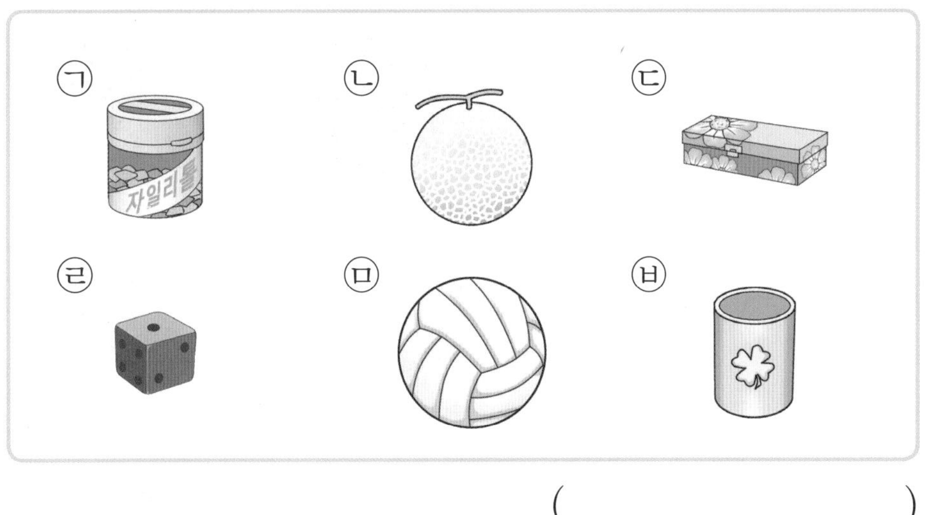

( )

2 희수가 말한 모양의 물건을 모두 찾아 기호를 써 보세요.

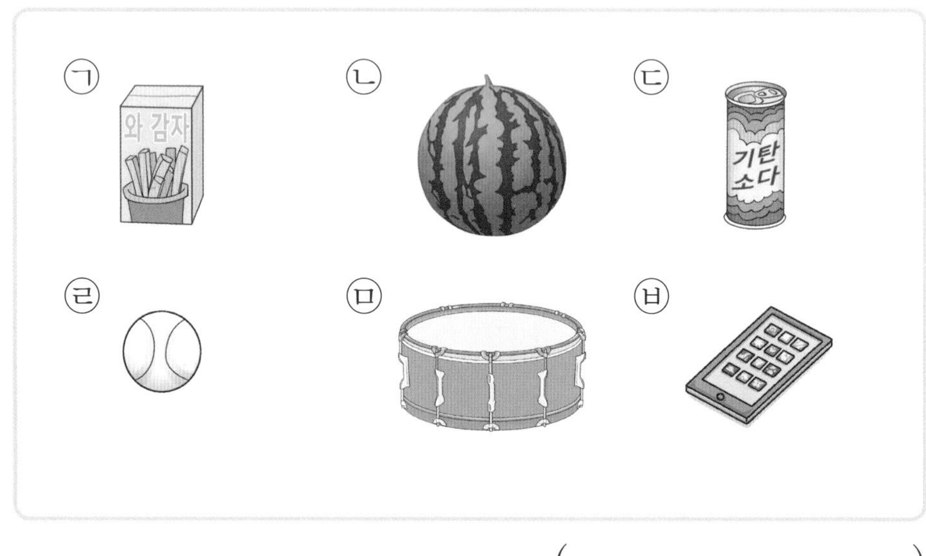

( )

여러 가지 모양 알기

이름 :
날짜 :
시간 : : ~ :

□, □, ○ 모양의 특징 알기 ③

1 인성이가 말한 모양의 물건을 모두 찾아 기호를 써 보세요.

( )

2 지아가 말한 모양의 물건을 모두 찾아 기호를 써 보세요.

( )

여러 가지 모양 만들기

이름 :

날짜 :

시간 : : ~ :

이용한 모양의 개수 구하기 ①

★ , , 모양을 몇 개 이용했는지 세어 보세요.

1

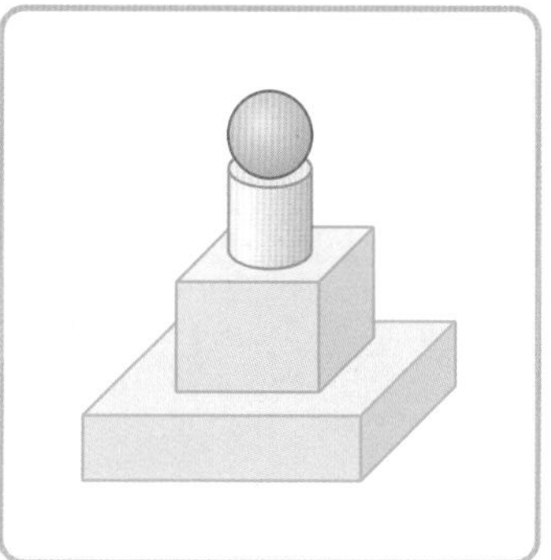

모양: (   )개

모양: (   )개

모양: (   )개

이용한 모양의 개수를 셀 때에는 빠뜨리거나 중복되지 않게 세어야 합니다.

2

모양: (   )개

모양: (   )개

모양: (   )개

3

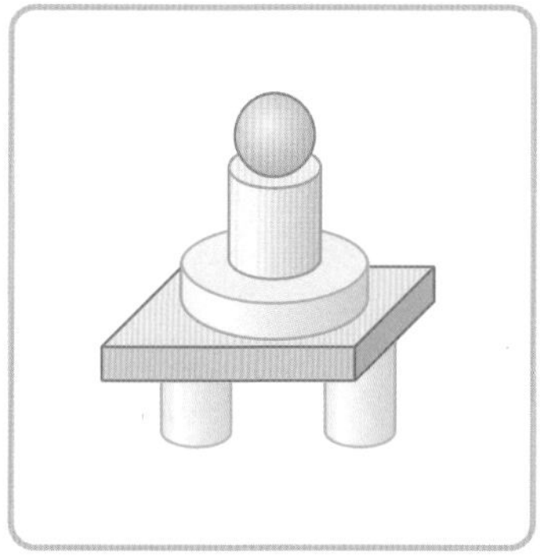

모양: (   )개

모양: (   )개

모양: (   )개

4

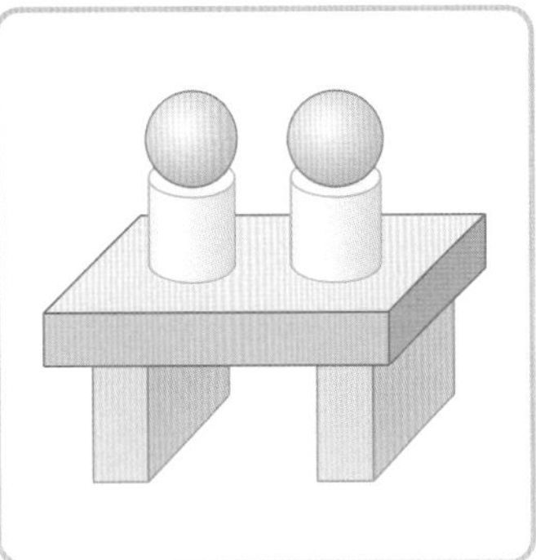

□ 모양: (　　　　　　)개
□ 모양: (　　　　　　)개
○ 모양: (　　　　　　)개

5

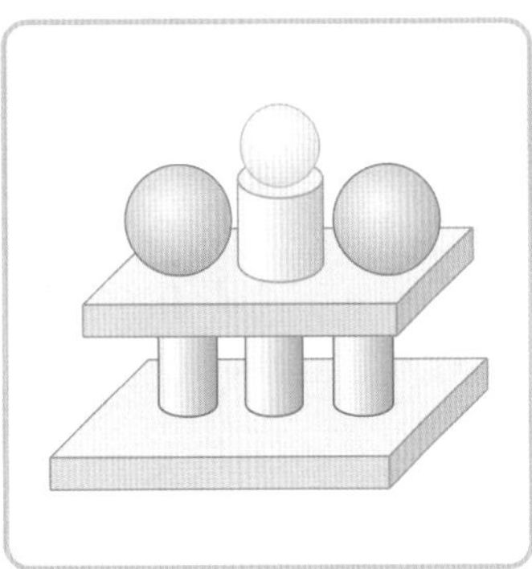

□ 모양: (　　　　　　)개
□ 모양: (　　　　　　)개
○ 모양: (　　　　　　)개

6

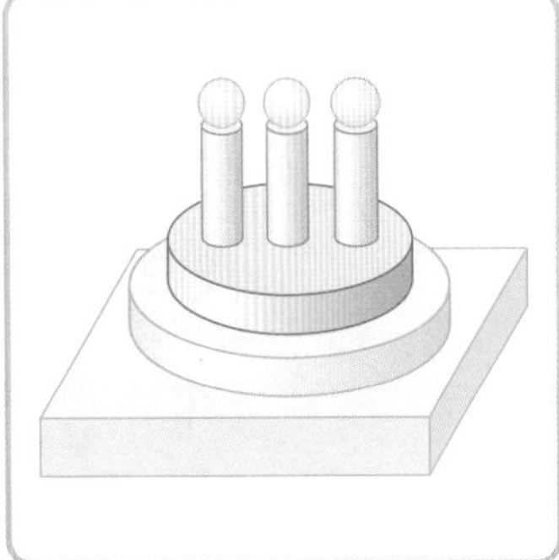

□ 모양: (　　　　　　)개
□ 모양: (　　　　　　)개
○ 모양: (　　　　　　)개

여러 가지 모양 만들기

이름 :
날짜 :
시간 : : ~ :

이용한 모양의 개수 구하기 ②

★ ▢, ▢, ◯ 모양을 몇 개 이용했는지 세어 보세요.

1

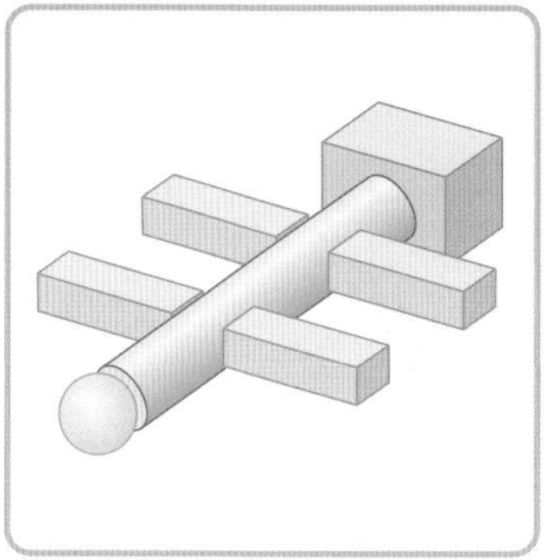

▢ 모양: ( )개
▢ 모양: ( )개
◯ 모양: ( )개

2

▢ 모양: ( )개
▢ 모양: ( )개
◯ 모양: ( )개

3

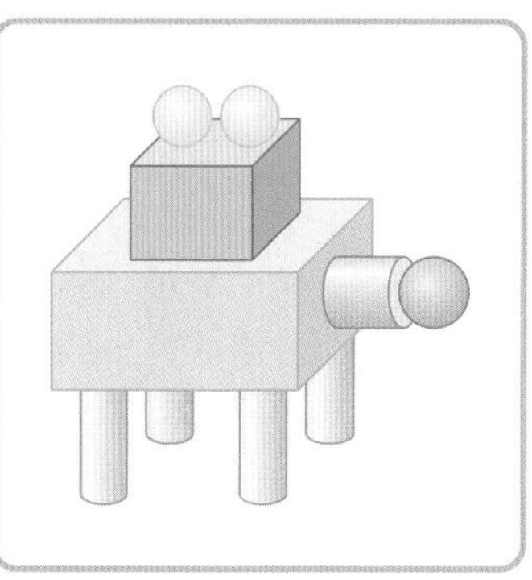

▢ 모양: ( )개
▢ 모양: ( )개
◯ 모양: ( )개

4

모양: ( )개

모양: ( )개

모양: ( )개

5

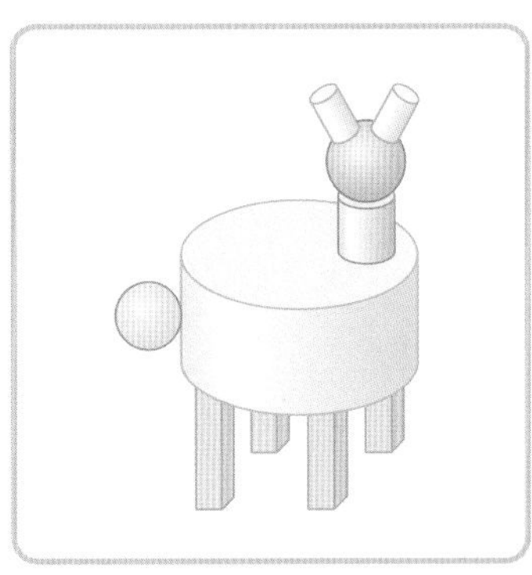

모양: ( )개

모양: ( )개

모양: ( )개

6

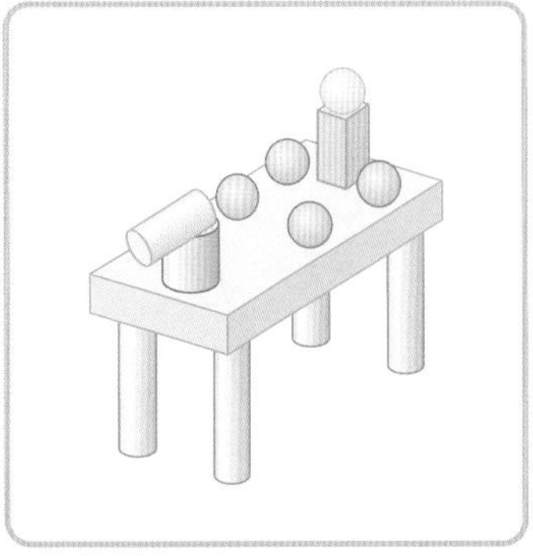

모양: ( )개

모양: ( )개

모양: ( )개

이름 :
날짜 :
시간 : : ~ :

여러 가지 모양 만들기

주어진 모양으로 여러 가지 모양 만들기 ①

★ 보기의 모양을 모두 이용하여 만든 모양을 찾아 기호를 써 보세요.

1 보기

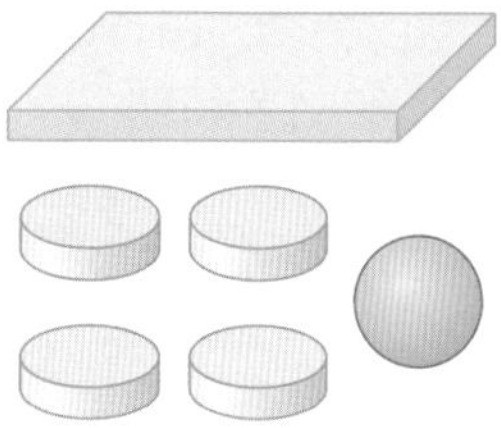

㉠ 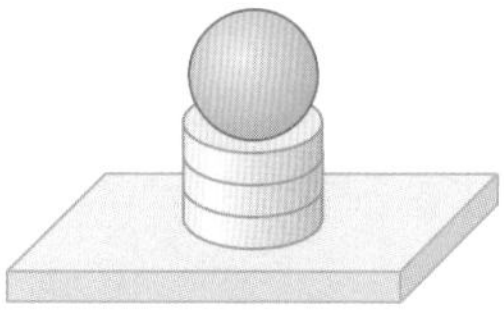 ㉡

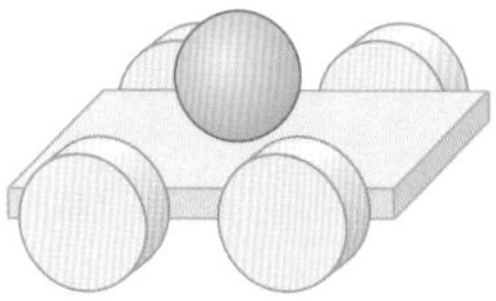

( )

2 보기

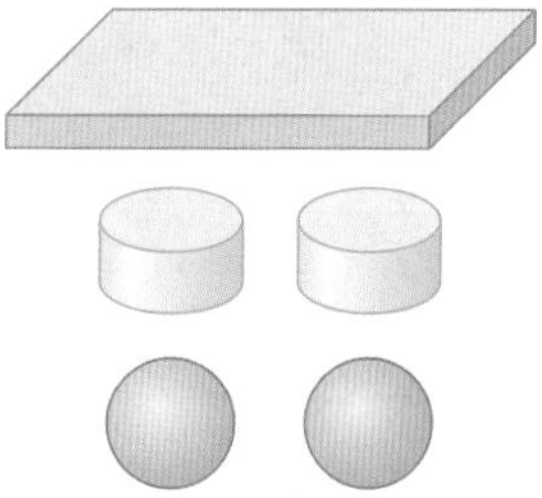

㉠ 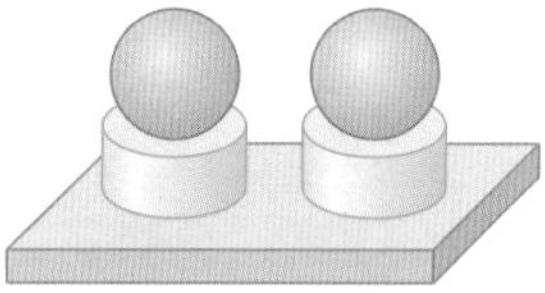 ㉡

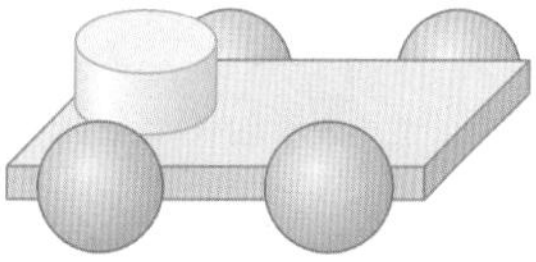

( )

3 보기

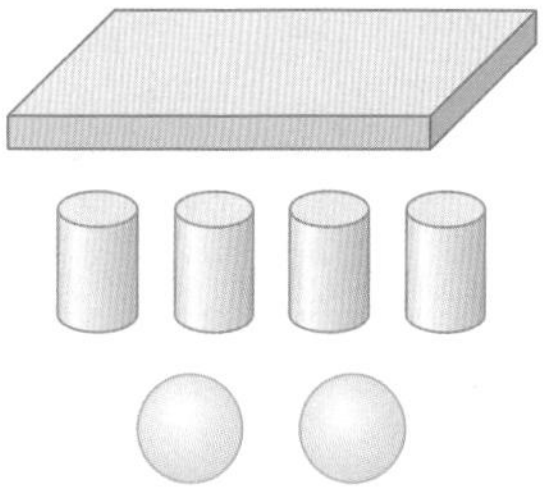

㉠ 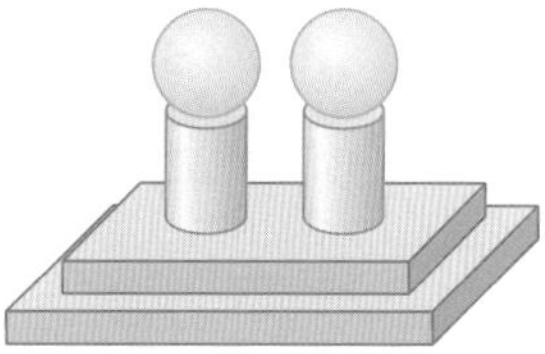 ㉡

( )

4

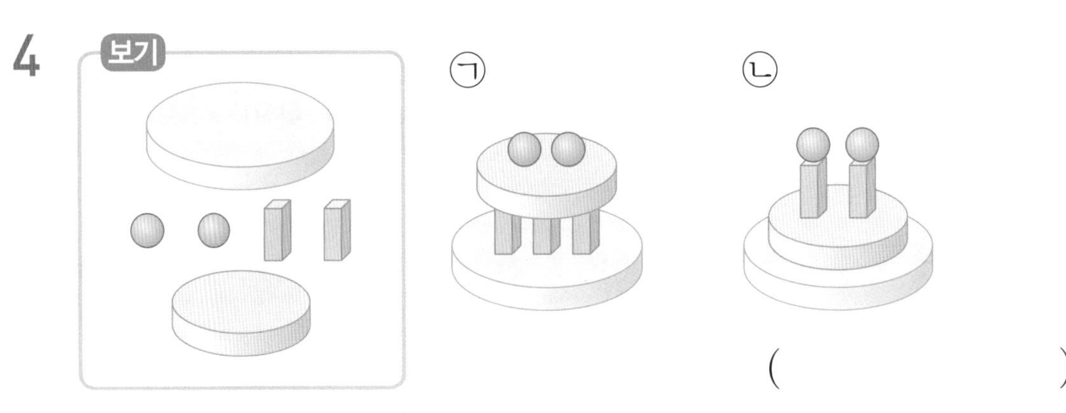

(   )

5

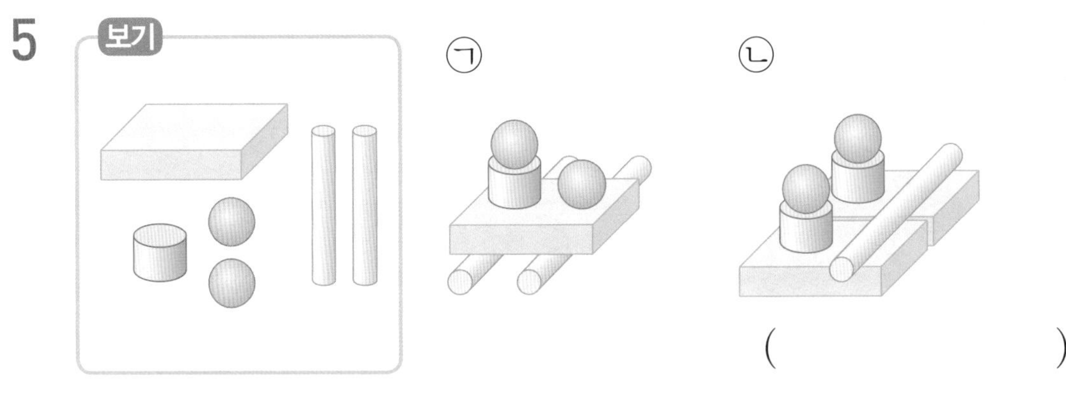

(   )

6

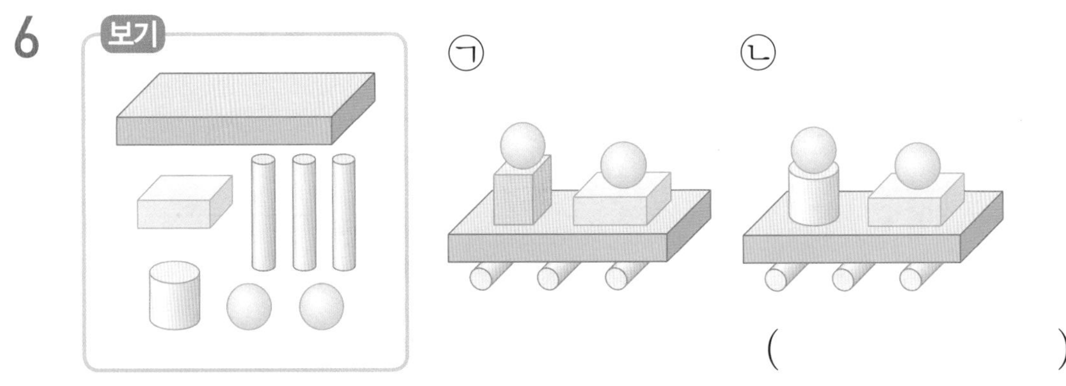

(   )

여러 가지 모양 만들기

이름 :
날짜 :
시간 : : ~ :

주어진 모양으로 여러 가지 모양 만들기 ②

★ 왼쪽 모양을 모두 이용하여 여러 가지 모양을 만들었습니다. 관계있는 것끼리 이어 보세요.

1 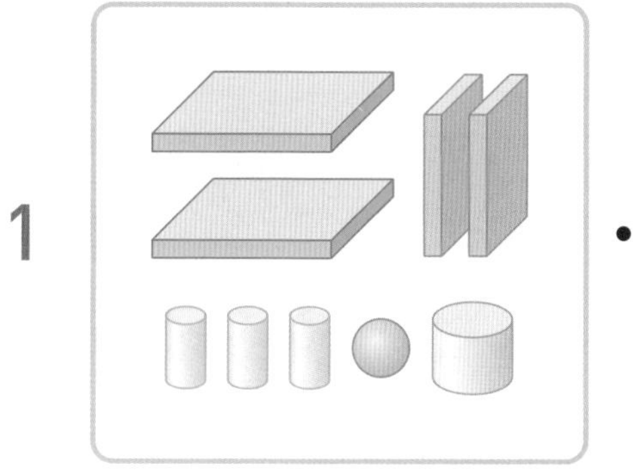 • • ㉠ 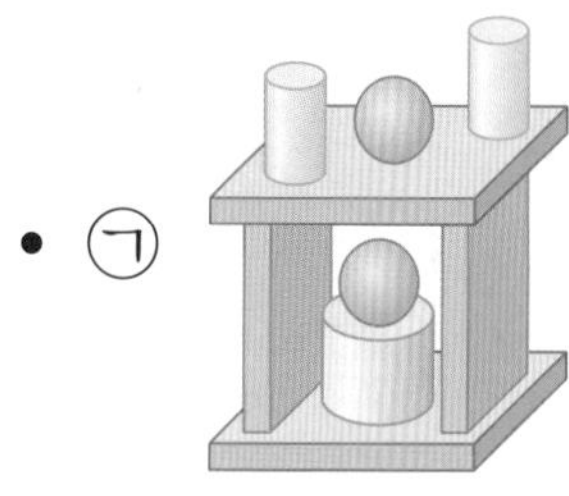

2 • • ㉡ 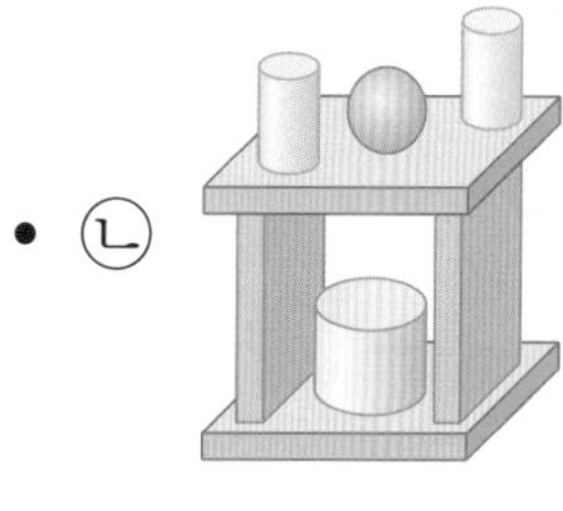

3 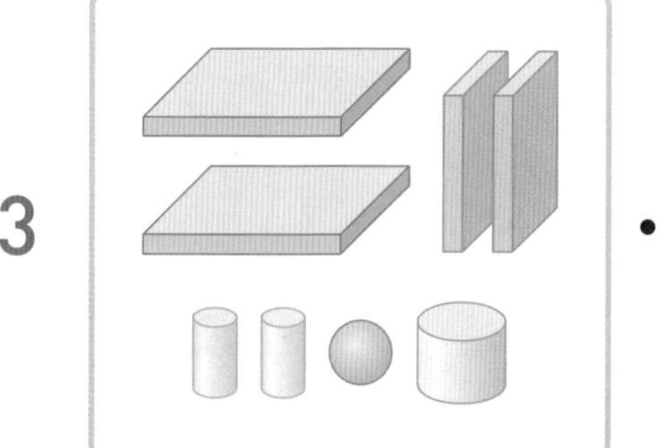 • • ㉢ 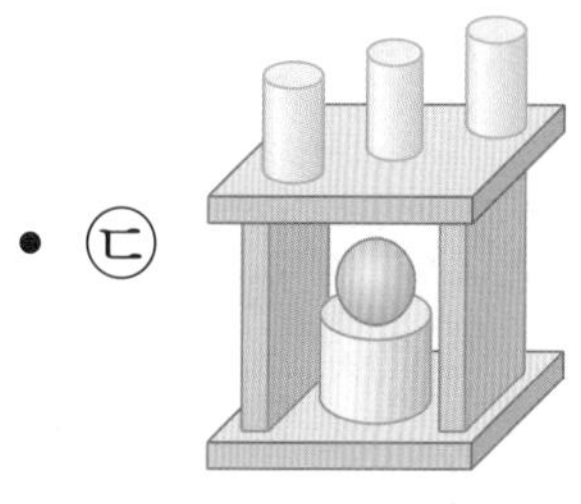

★ 왼쪽 모양을 모두 이용하여 여러 가지 모양을 만들었습니다. 관계있는 것끼리 이어 보세요.

4 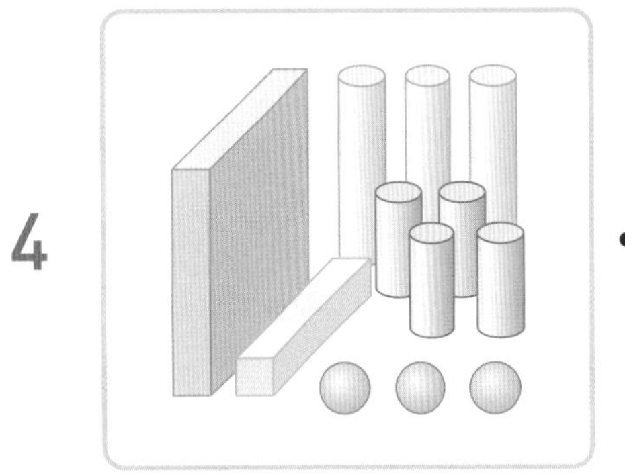 • • ㉠ 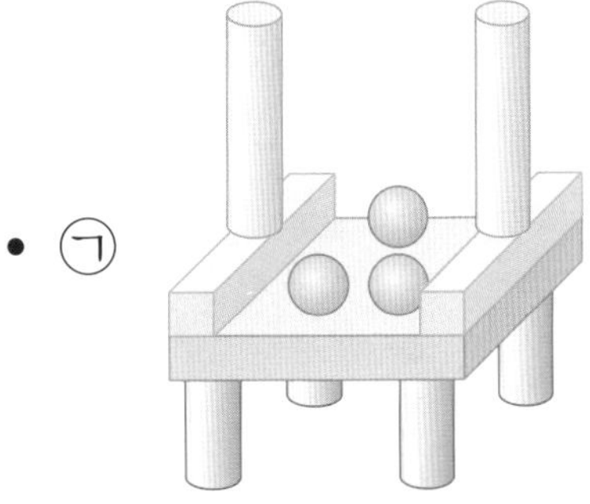

5 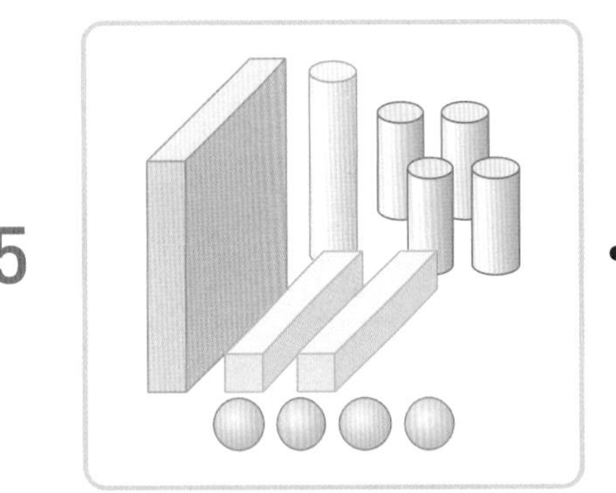 • • ㉡ 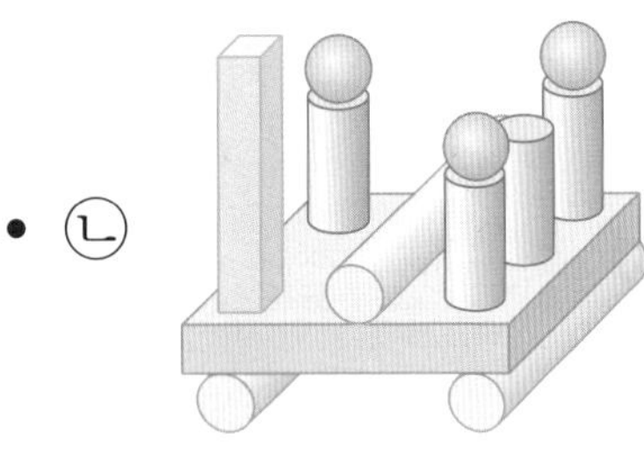

6 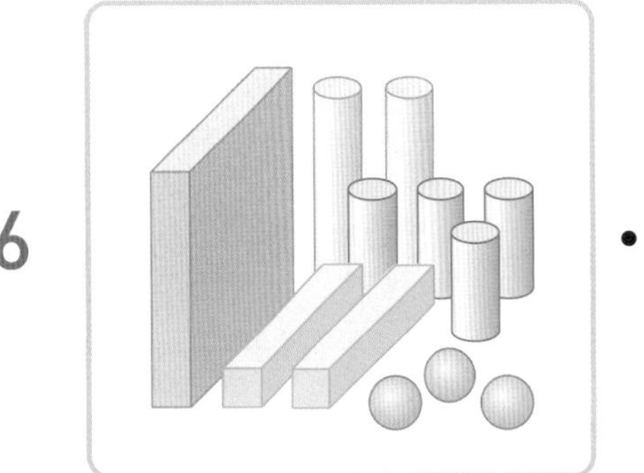 • • ㉢ 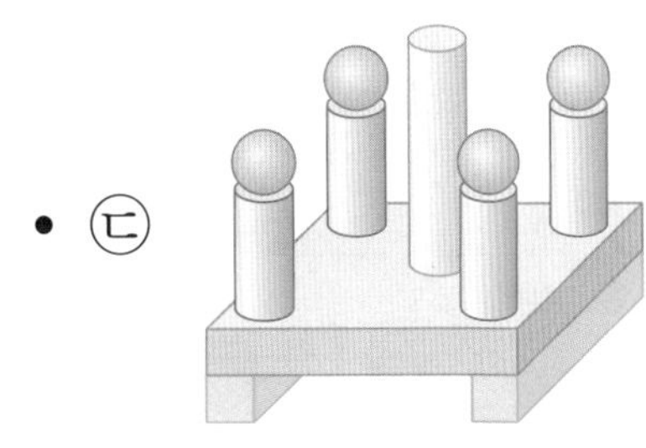

여러 가지 모양 만들기

이름 :
날짜 :
시간 : : ~ :

다른 부분 찾기 ①

★ 두 그림에서 서로 다른 부분을 모두 찾아 ○표 하세요.

1

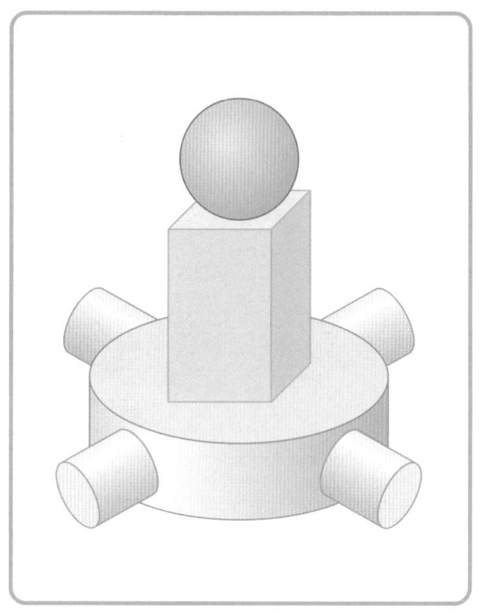

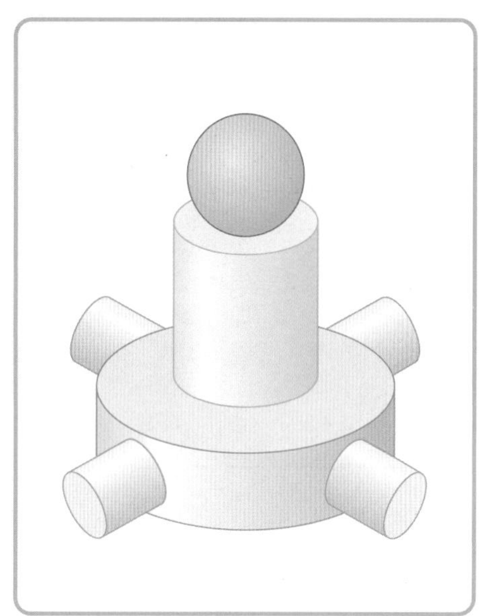

2

3

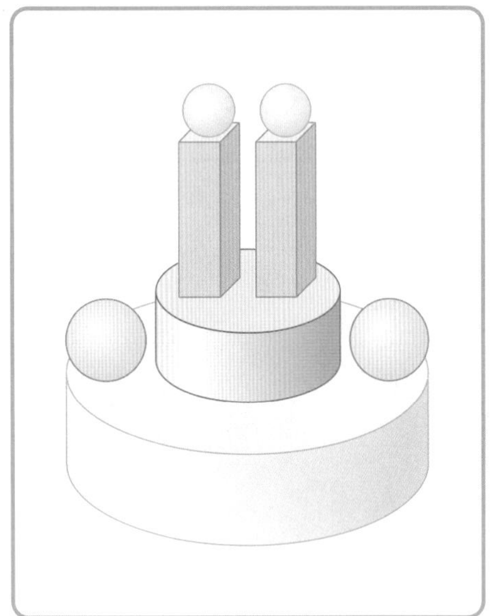
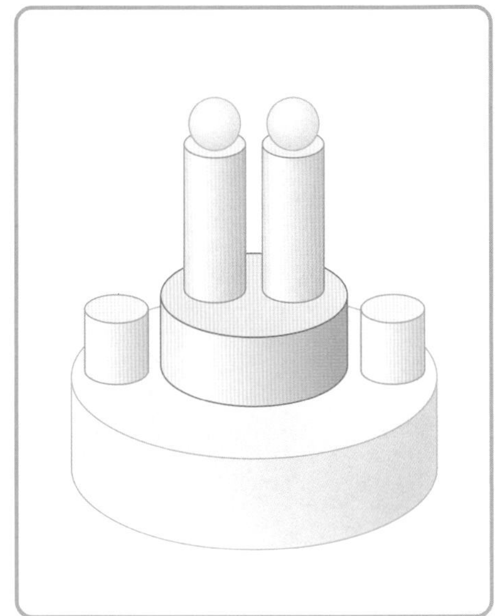

4

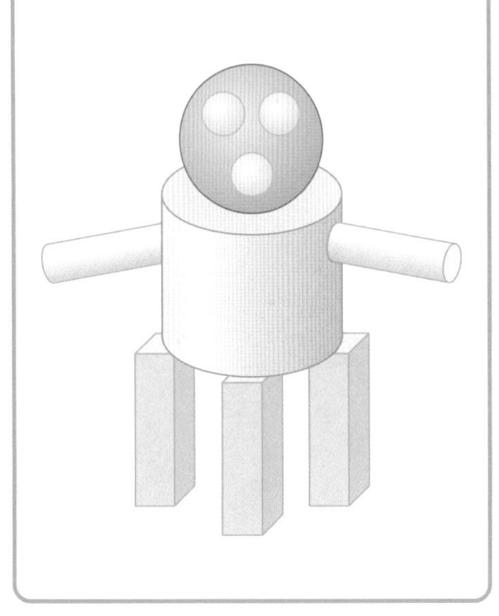
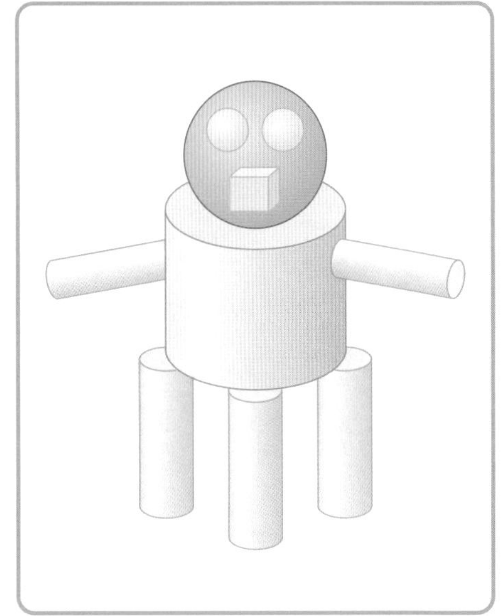

여러 가지 모양 만들기

이름 :
날짜 :
시간 : : ~ :

다른 부분 찾기 ②

★ 두 그림에서 서로 다른 부분을 모두 찾아 ○표 하세요.

1

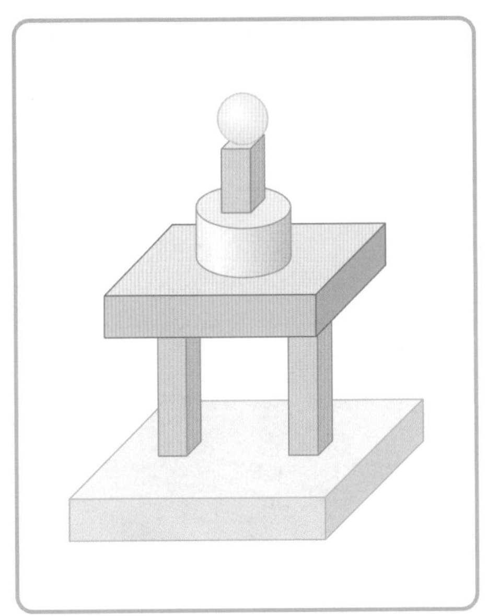

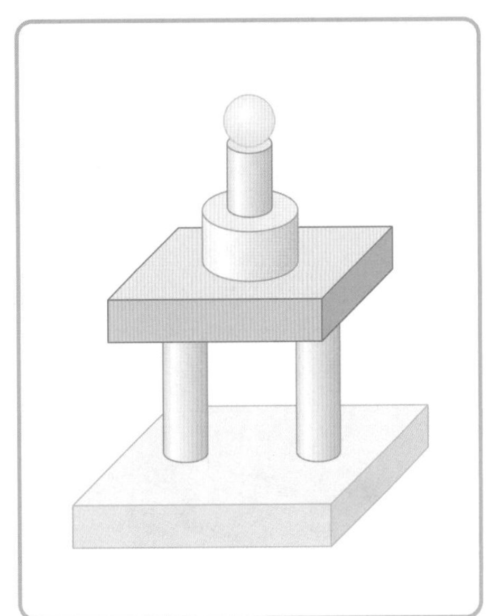

2

3

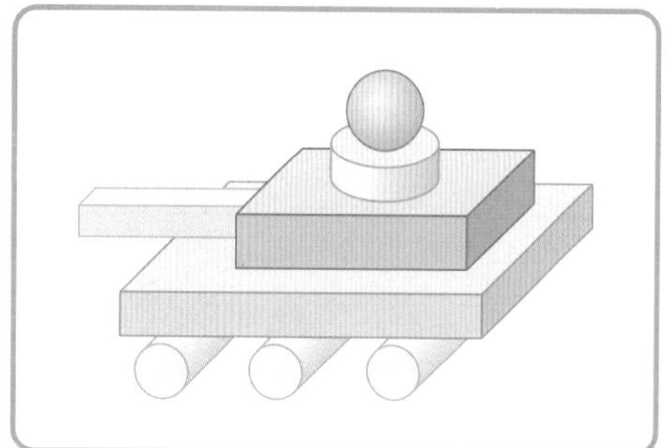
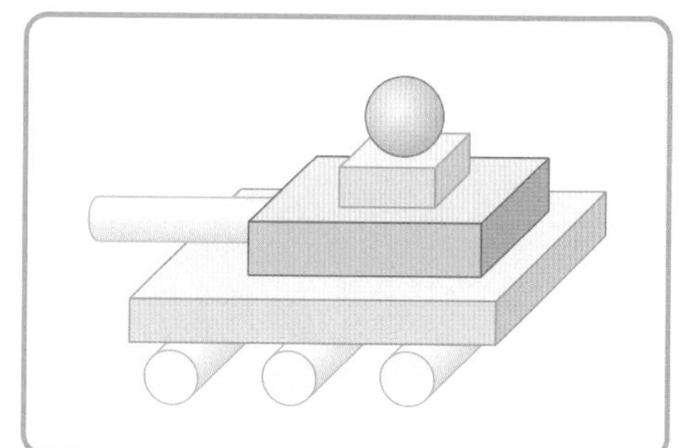

4

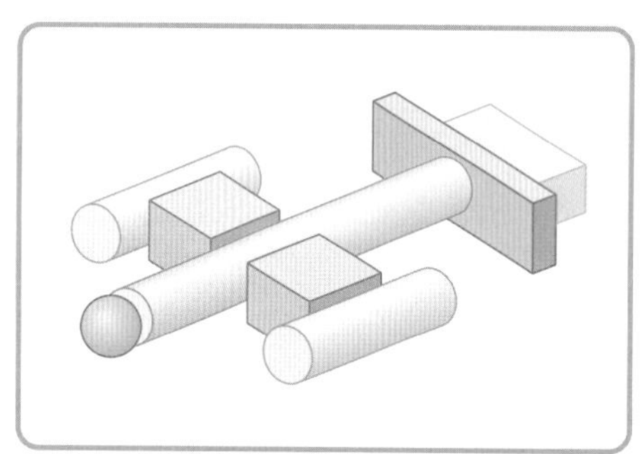
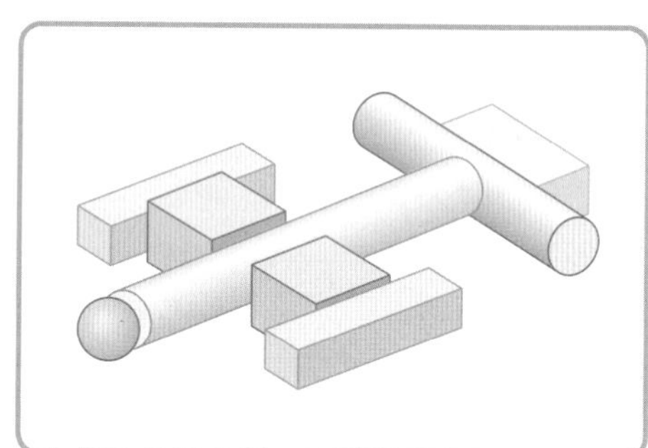

5

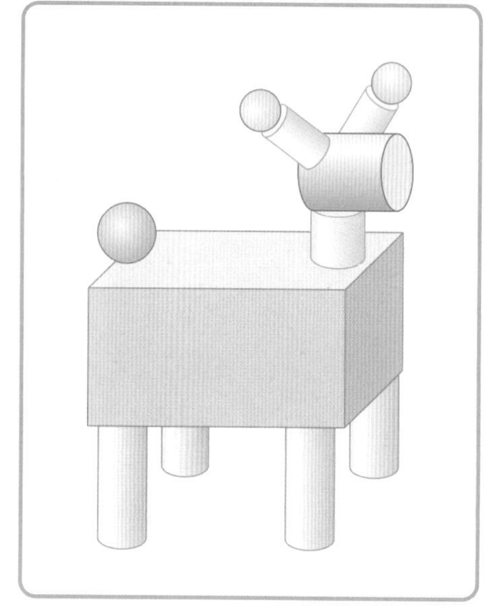
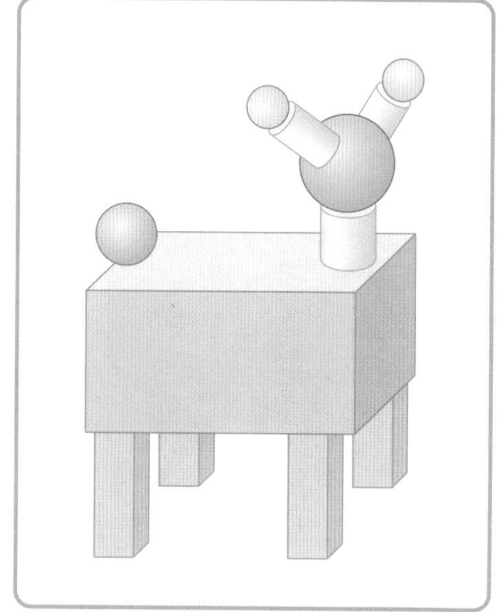

여러 가지 모양 찾기

이름 :
날짜 :
시간 : : ~ :

같은 모양끼리 모으기 ①

★ 어떤 모양을 모은 것인지 알맞은 모양에 ○표 하세요.

1

(■ , ▲ , ●)

크기와 색깔이 달라도 모양이 같으면 같은 모양입니다.

2

(■ , ▲ , ●)

3

(■ , ▲ , ●)

4

100

(□ , △ , ○)

5

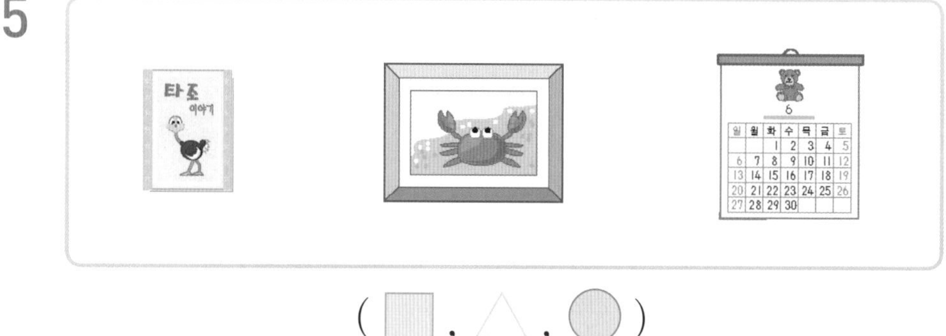
타조
이야기

(□ , △ , ○)

6

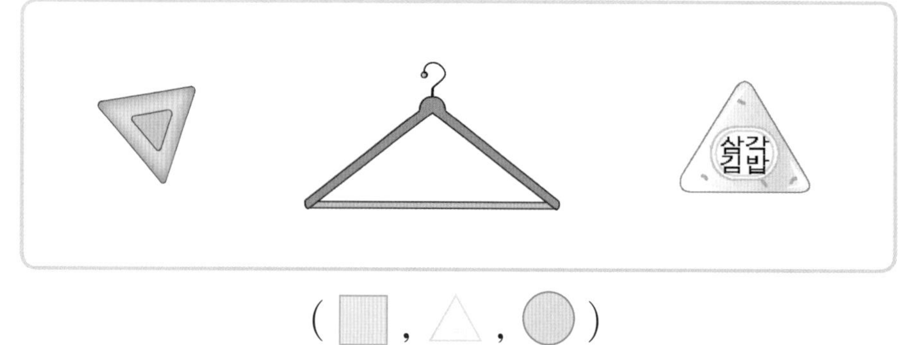
삼각
김밥

(□ , △ , ○)

이름 :
날짜 :
시간 : : ~ :

여러 가지 모양 찾기

같은 모양끼리 모으기 ②

★ 어떤 모양을 모은 것인지 알맞은 모양에 ○표 하세요.

1

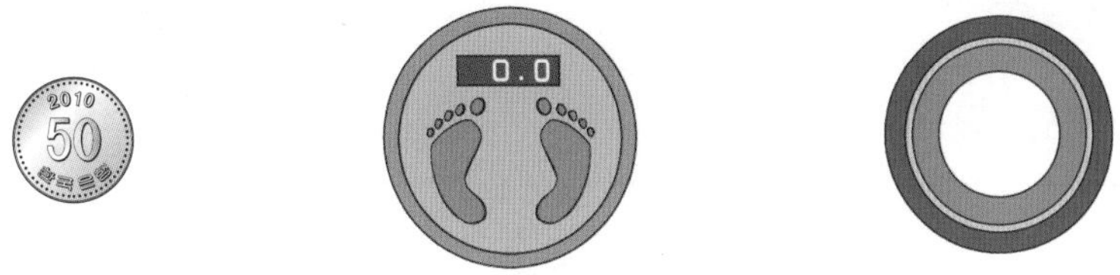

(□ , △ , ○)

2

(□ , △ , ○)

3

(□ , △ , ○)

4

(□ , △ , ○)

5

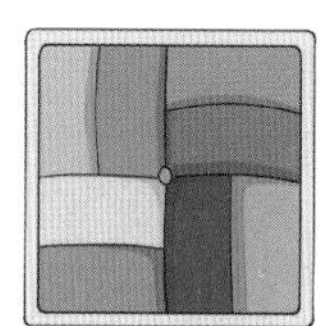

(□ , △ , ○)

6

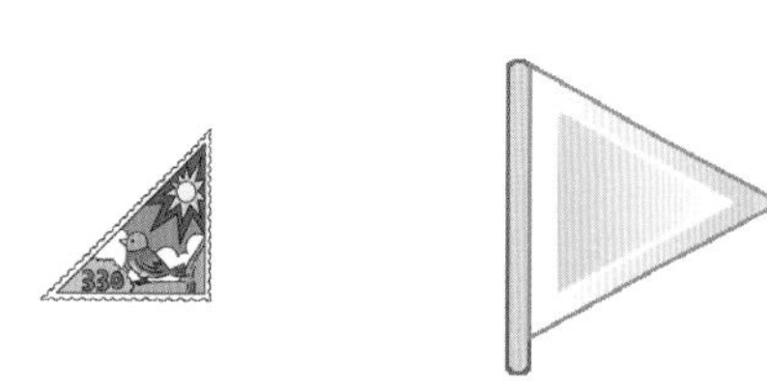
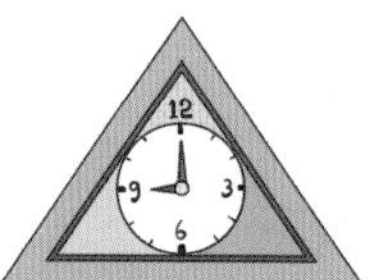

(□ , △ , ○)

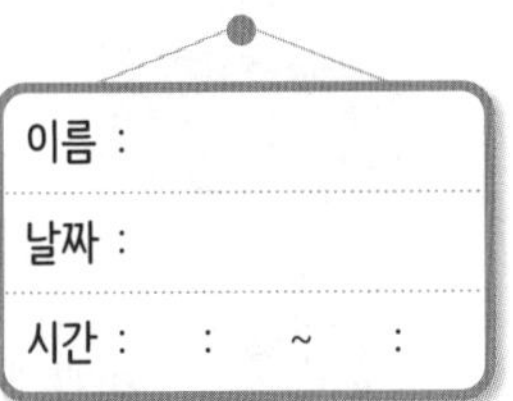

23a

여러 가지 모양 찾기

알맞은 모양 찾기 ①

□ 모양에는 [공책], △ 모양에는 [삼각자], ○ 모양에는 [CD] 등이 있습니다.

1 □ 모양을 찾아 기호를 쓰세요.

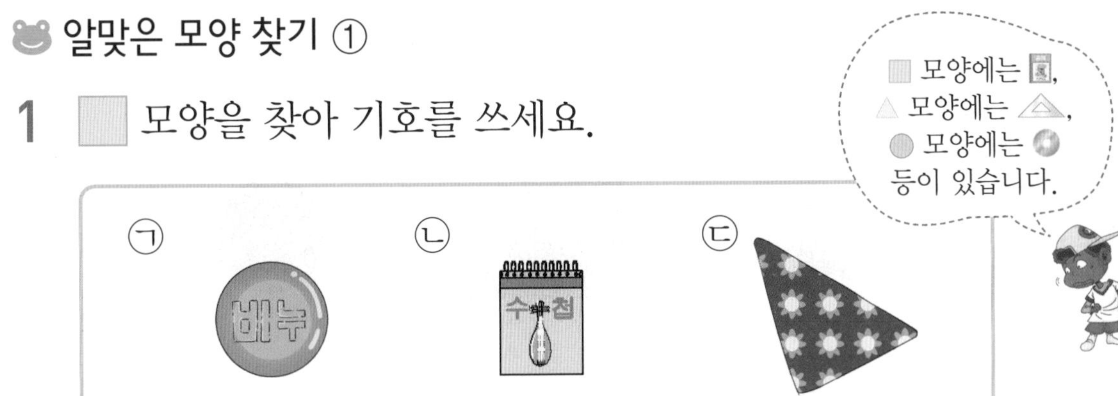

( )

2 △ 모양을 찾아 기호를 쓰세요.

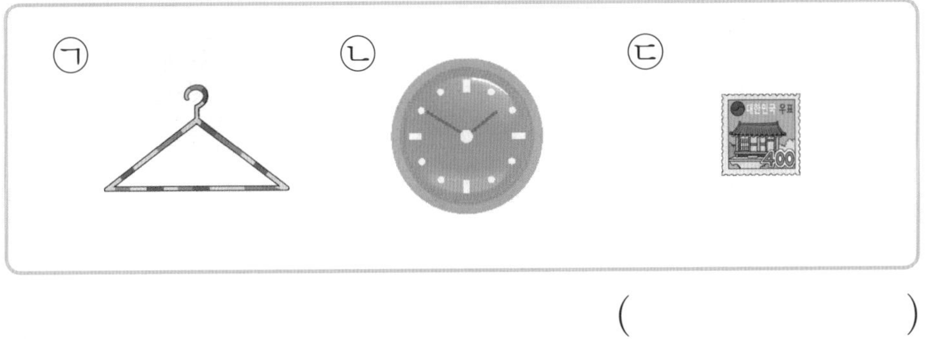

( )

3 ○ 모양을 찾아 기호를 쓰세요.

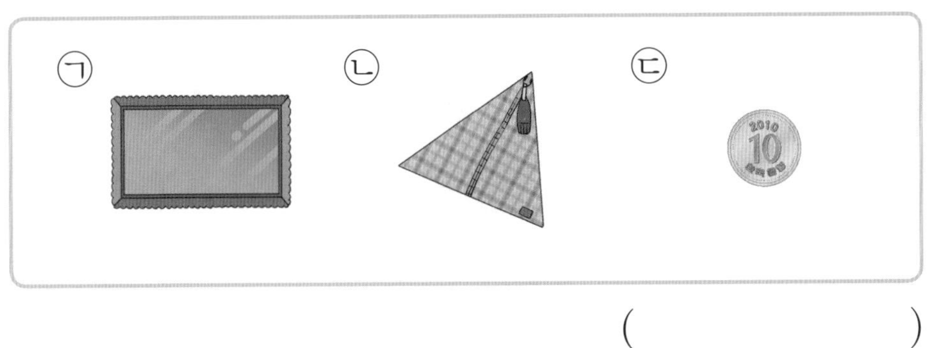

( )

4 △ 모양을 찾아 기호를 쓰세요.

( )

5 □ 모양을 찾아 기호를 쓰세요.

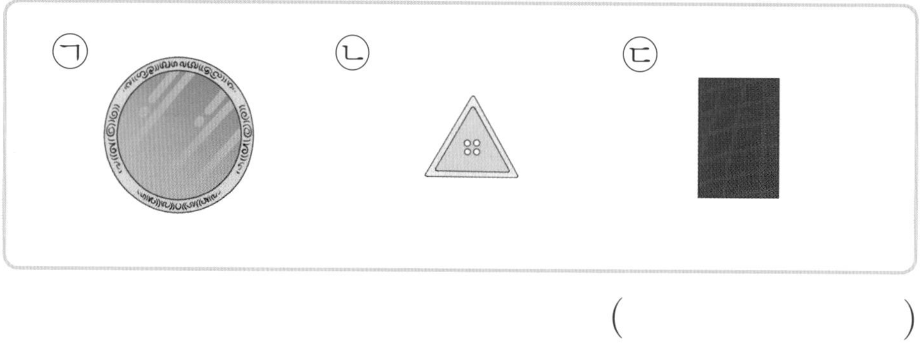

( )

6 ○ 모양을 찾아 기호를 쓰세요.

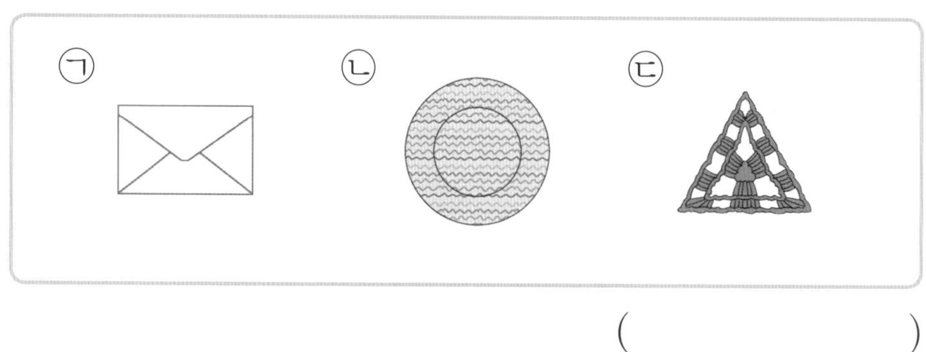

( )

24a

여러 가지 모양 찾기

이름 :
날짜 :
시간 : : ~ :

알맞은 모양 찾기 ②

1 ○ 모양을 찾아 기호를 쓰세요.

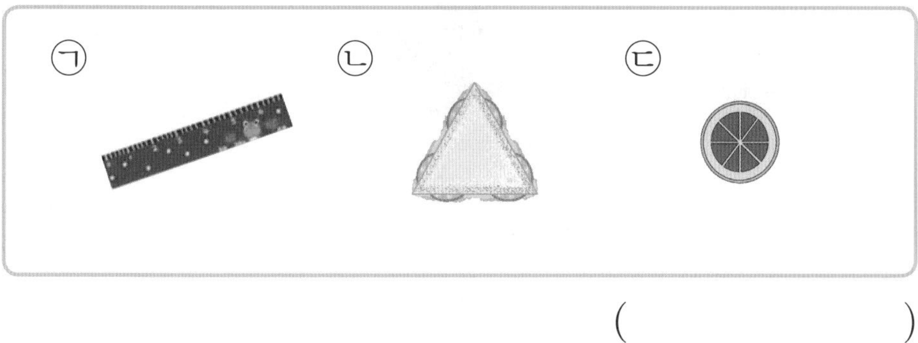

( )

2 □ 모양을 찾아 기호를 쓰세요.

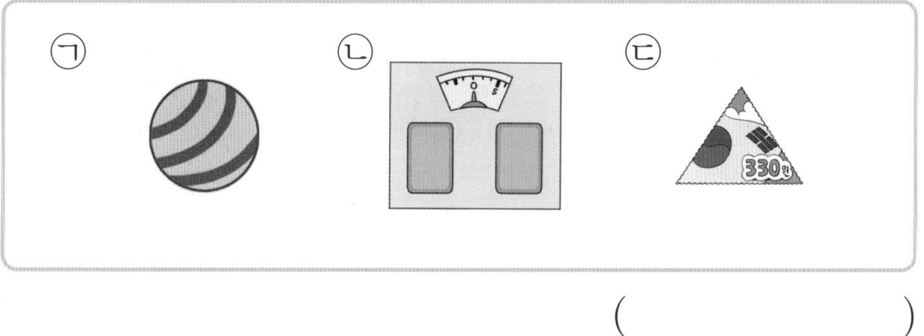

( )

3 △ 모양을 찾아 기호를 쓰세요.

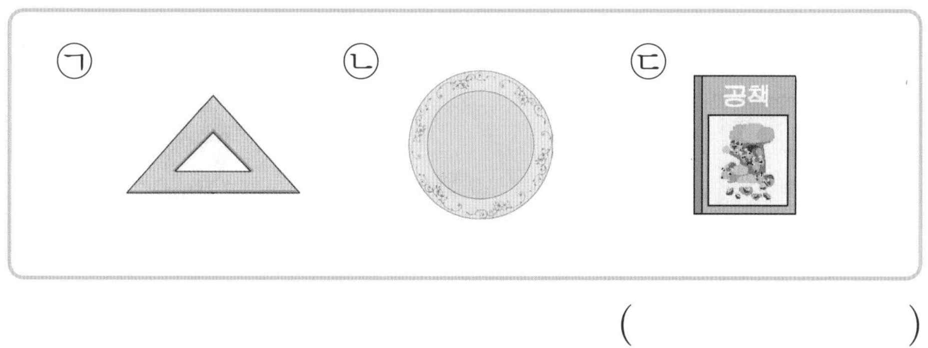

( )

4 □ 모양을 찾아 기호를 쓰세요.

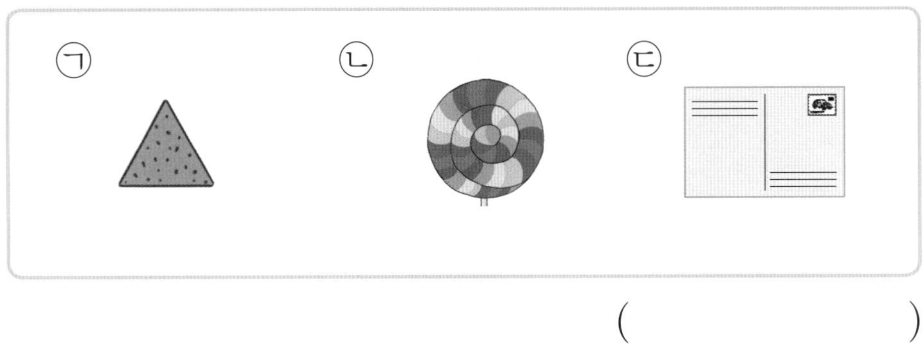

( )

5 ○ 모양을 찾아 기호를 쓰세요.

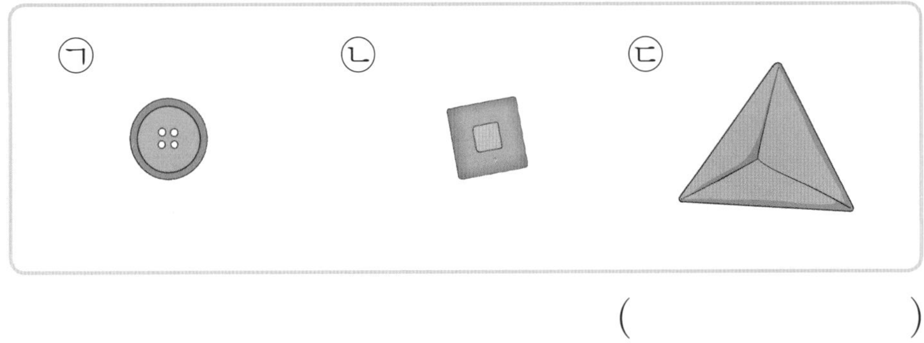

( )

6 △ 모양을 찾아 기호를 쓰세요.

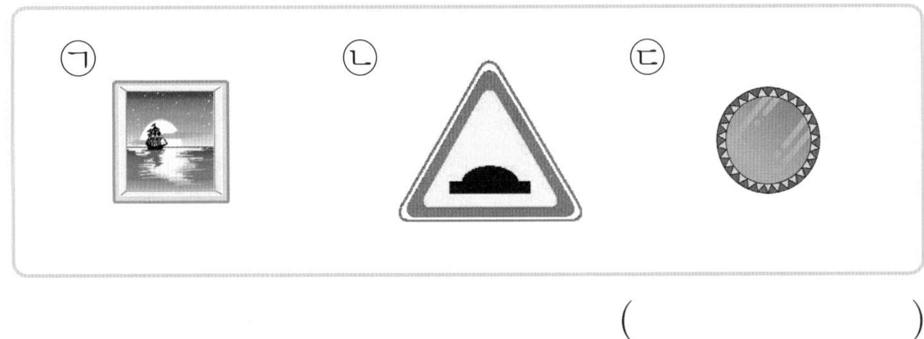

( )

이름 :
날짜 :
시간 : : ~ :

여러 가지 모양 찾기

알맞은 모양 찾기 ③

★ 그림을 보고 물음에 답하세요.

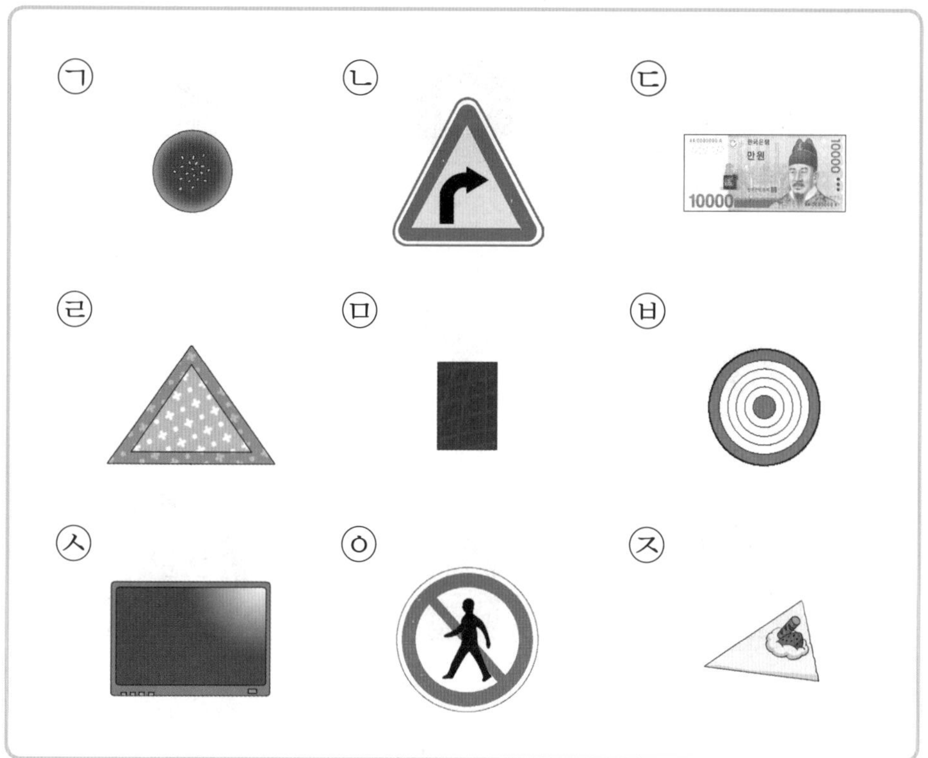

1 □ 모양을 모두 찾아 기호를 쓰세요.

( )

2 △ 모양을 모두 찾아 기호를 쓰세요.

( )

3 ○ 모양을 모두 찾아 기호를 쓰세요.

( )

★ 그림을 보고 물음에 답하세요.

4 ▢ 모양을 모두 찾아 기호를 쓰세요.

( )

5 △ 모양을 모두 찾아 기호를 쓰세요.

( )

6 ○ 모양을 모두 찾아 기호를 쓰세요.

( )

여러 가지 모양 찾기

이름 :
날짜 :
시간 : : ~ :

알맞은 모양 찾기 ④

★ 그림을 보고 물음에 답하세요.

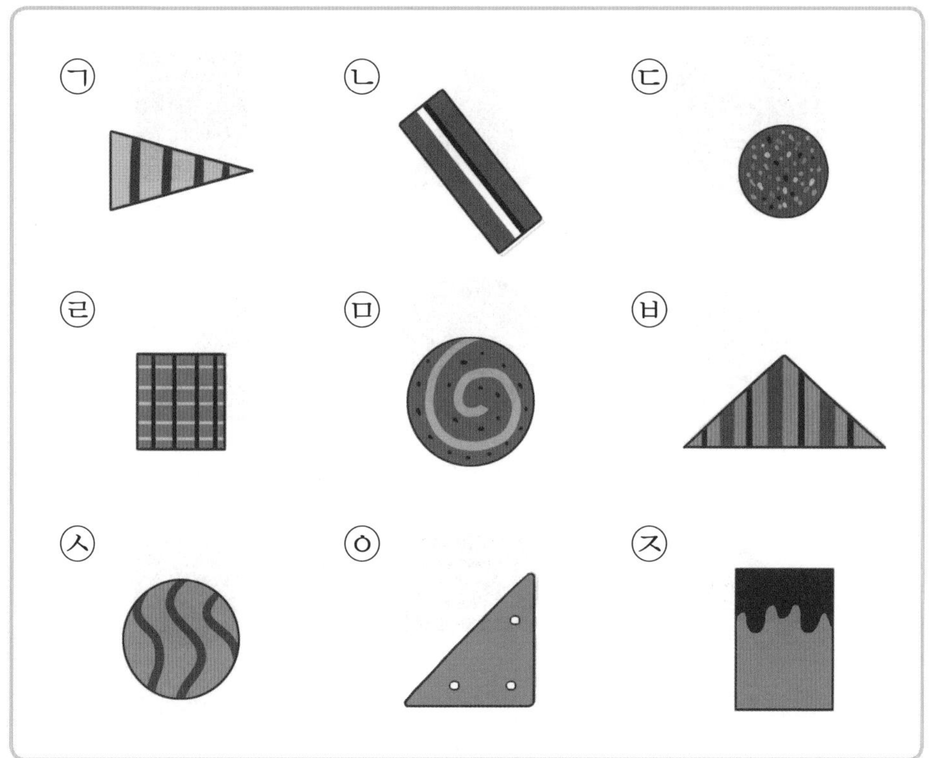

1 ■ 모양을 모두 찾아 기호를 쓰세요.

( )

2 ▲ 모양을 모두 찾아 기호를 쓰세요.

( )

3 ● 모양을 모두 찾아 기호를 쓰세요.

( )

★ 그림을 보고 물음에 답하세요.

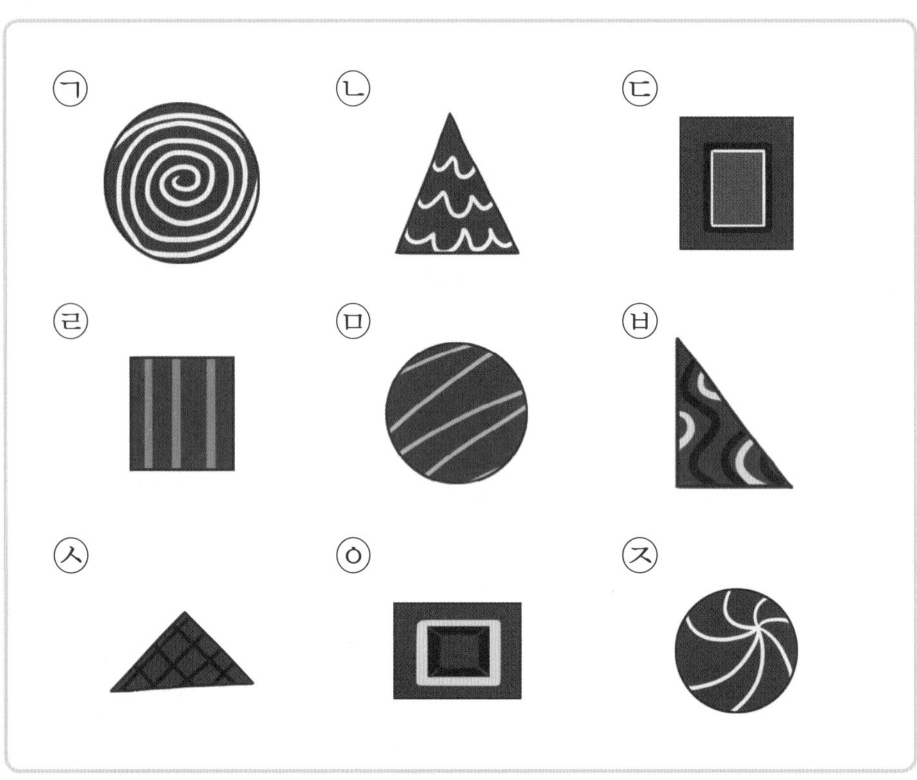

4 □ 모양을 모두 찾아 기호를 쓰세요.

( )

5 △ 모양을 모두 찾아 기호를 쓰세요.

( )

6 ○ 모양을 모두 찾아 기호를 쓰세요.

( )

여러 가지 모양 찾기

이름 :
날짜 :
시간 : : ~ :

모양이 같은 것끼리 잇기 ①

★ 모양이 같은 것끼리 이어 보세요.

1

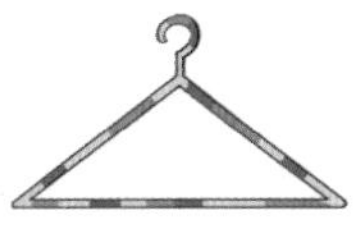
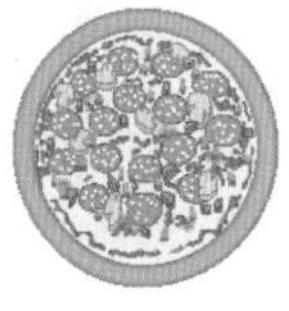

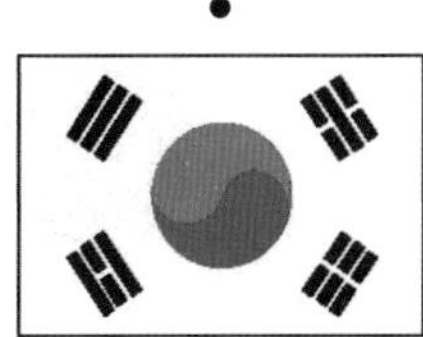
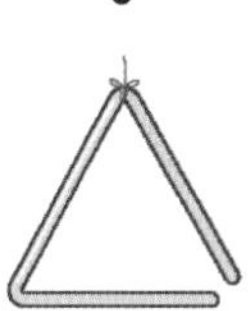

2

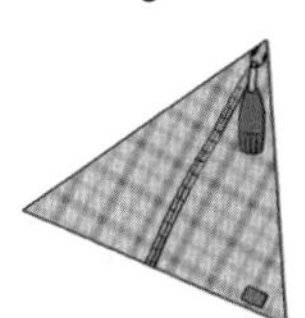

★ 모양이 같은 것끼리 이어 보세요.

3

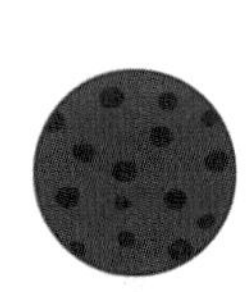

4

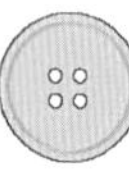

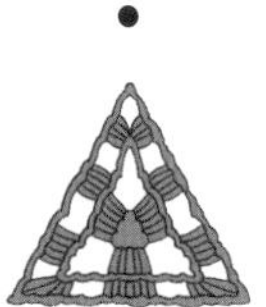

여러 가지 모양 찾기

모양이 같은 것끼리 잇기 ②

★ 모양이 같은 것끼리 이어 보세요.

1

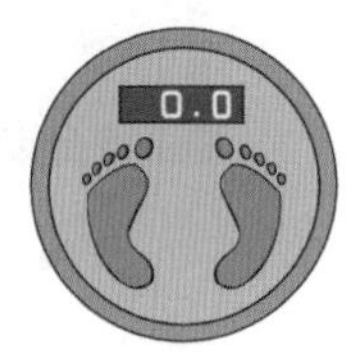

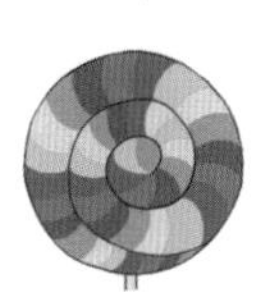

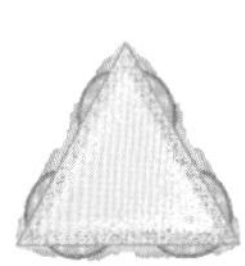

2

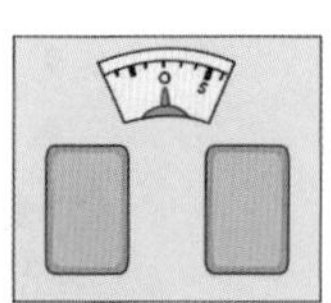

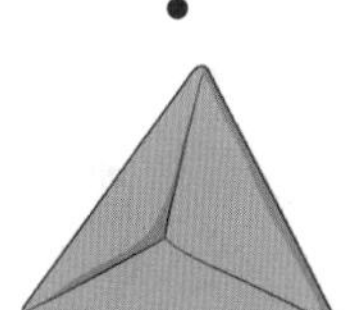

★ 모양이 같은 것끼리 이어 보세요.

3

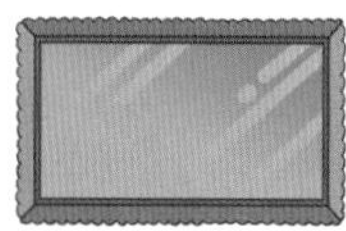

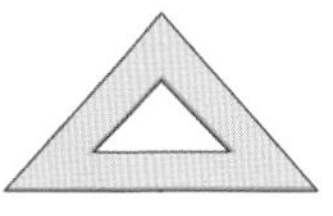

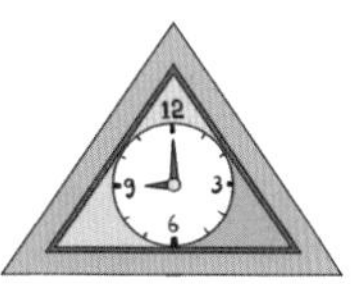

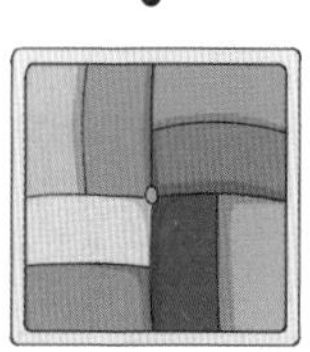

4

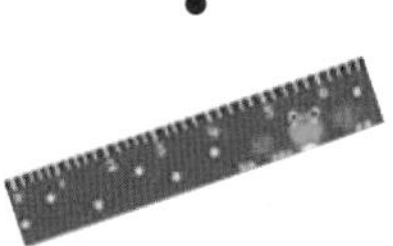

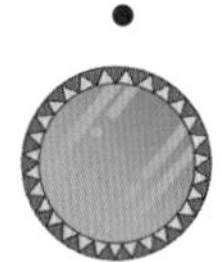

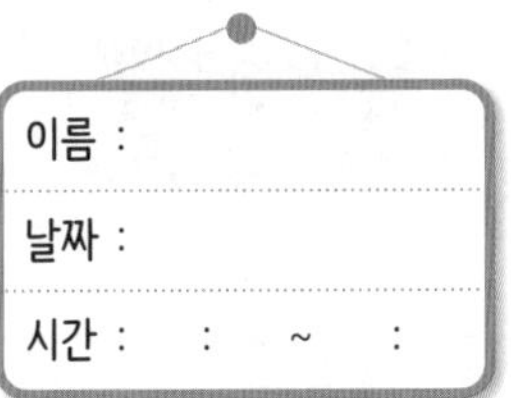

여러 가지 모양 알기

여러 가지 방법으로 ▢, △, ○ 모양 알기 ①

★ 본뜬 모양을 찾아 알맞게 이어 보세요.

1  •

• ㉠ 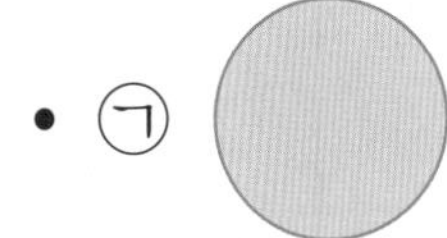

2  •

• ㉡  

3  •

• ㉢ 

★ 본뜬 모양을 찾아 알맞게 이어 보세요.

4  •　　　　•  

5  •　　　　•  

6  •　　　　• ㉢ 

여러 가지 모양 알기

이름 :

날짜 :

시간 : : ~ :

여러 가지 방법으로 □, △, ○ 모양 알기 ②

★ □, △, ○ 모양을 손으로 만들었습니다. 알맞은 모양을 찾아 이어 보세요.

1  •

• ㉠ 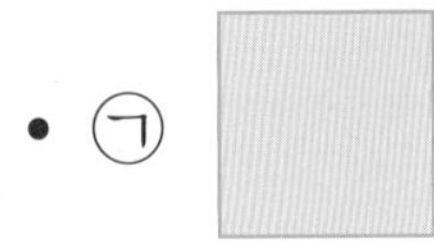

2 •

• ㉡ 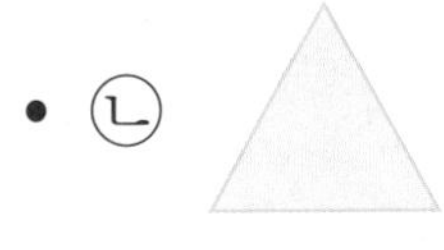

3  •

• ㉢ 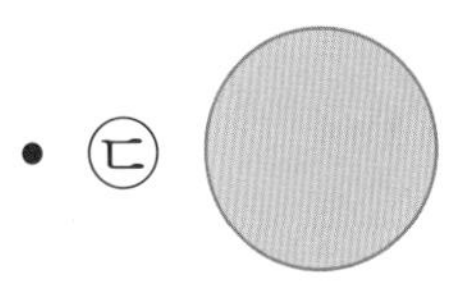

★ □, △, ○ 모양을 몸으로 나타내었습니다. 알맞은 모양을 찾아 이어 보세요.

4  • • ㉠ 

5 • • ㉡ 

6  • • ㉢ 

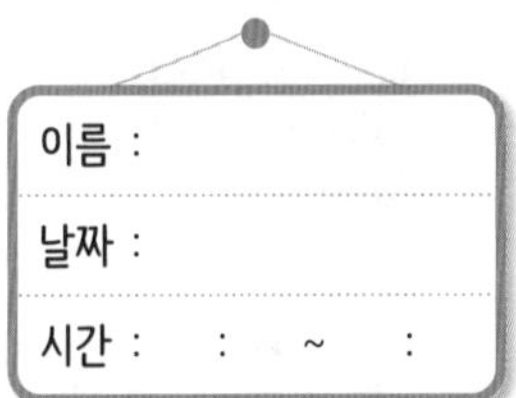

여러 가지 모양 알기

★ 물감을 묻혀 찍을 때 나오는 모양을 찾아 이어 보세요.

1  • • ㉠

2  • • ㉡ 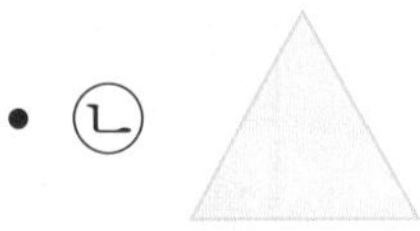

3  • • ㉢ 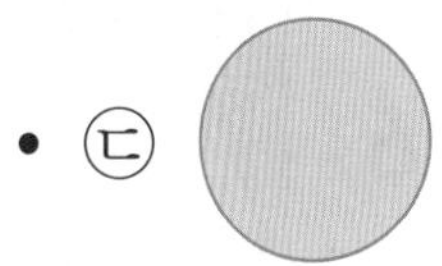

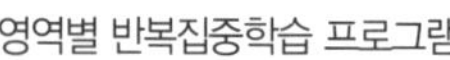

★ 점토에 찍어 냈을 때 나오는 모양을 찾아 이어 보세요.

4  • • ㉠ 

5  • • ㉡ 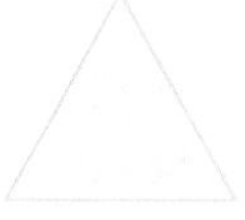

6  • • ㉢ 

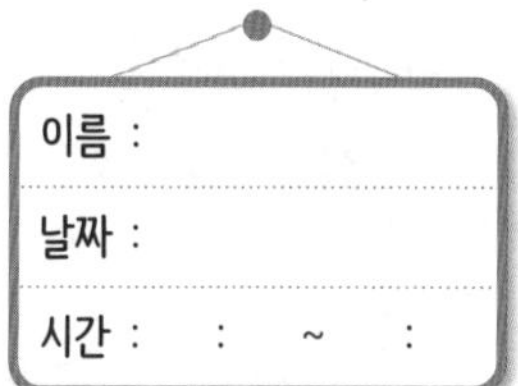

여러 가지 모양 알기

★ 어떤 모양의 부분을 나타낸 그림입니다. 알맞게 이어 보세요.

1 •

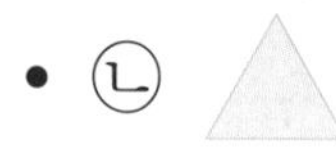

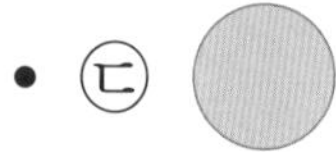

2 •

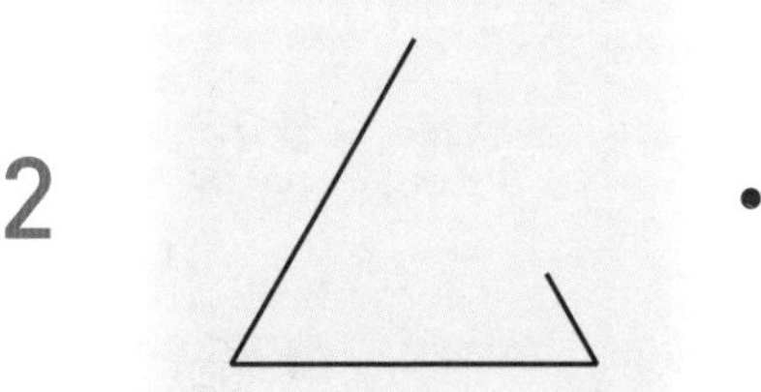

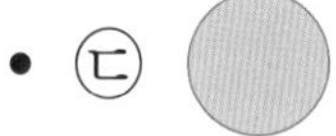

3 •

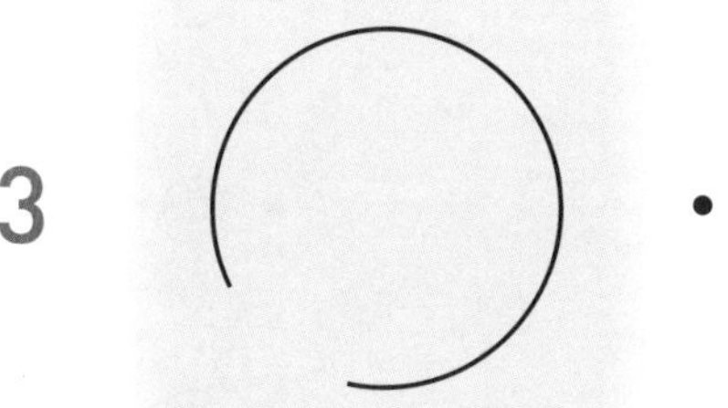

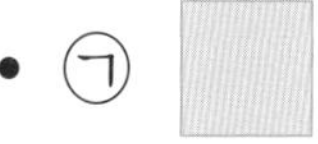

• ㉡

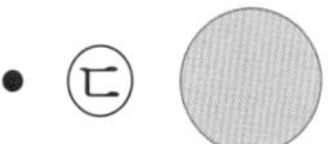

★ 어떤 모양의 부분을 나타낸 그림입니다. 알맞게 이어 보세요.

4 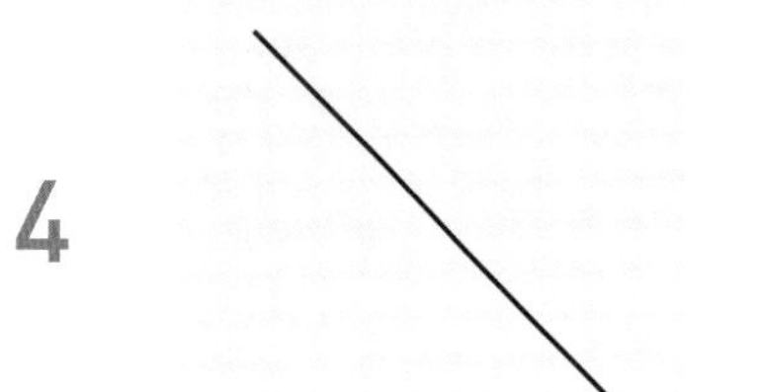 •

• ㉠ 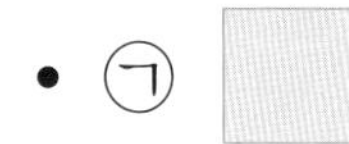

• ㉡ 

• ㉢ 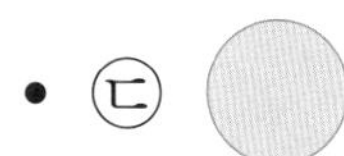

5 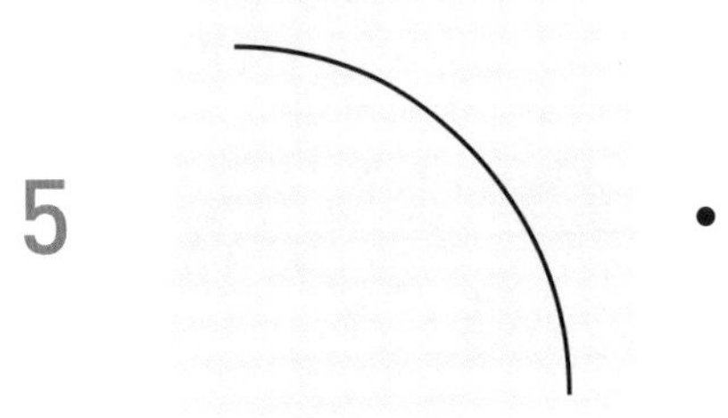 •

• ㉠ 

• ㉡ 

• ㉢ 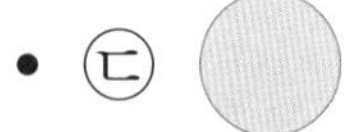

6  •

• ㉠ 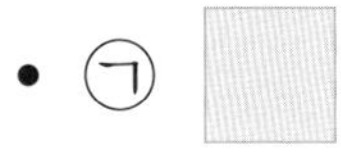

• ㉡ 

• ㉢ 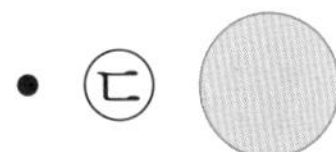

여러 가지 모양 알기

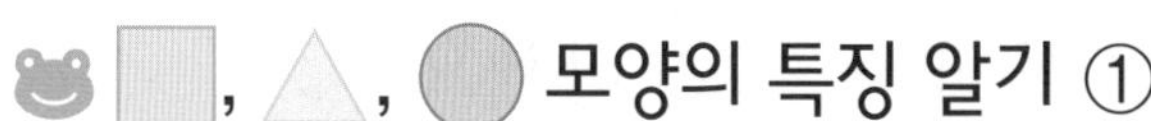

★ 여자 아이가 이야기하는 모양을 찾아 ○표 하세요.

1

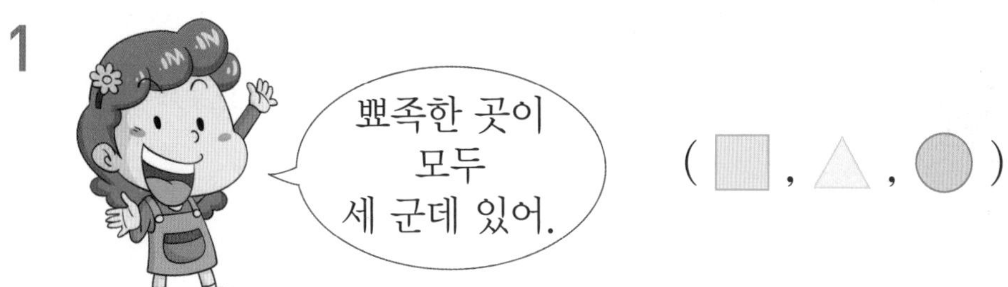

2

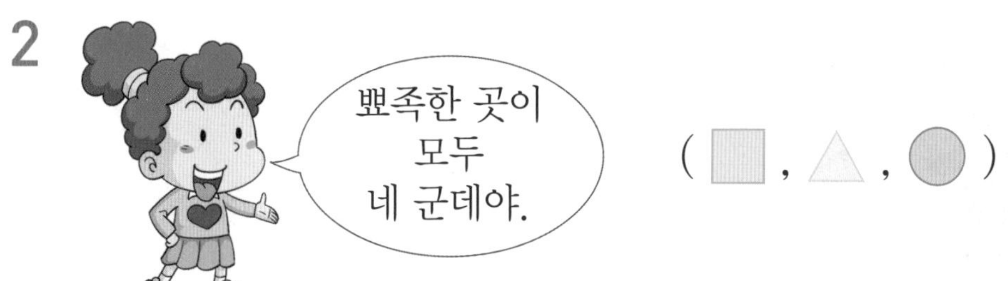

3

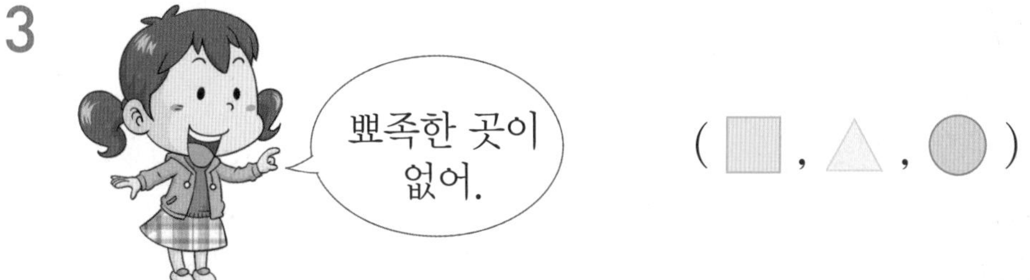

★ 남자 아이가 이야기하는 모양을 찾아 ○표 하세요.

4

500원짜리
동전에서
같은 모양을
찾을 수 있어.

(□ , △ , ○)

5

주사위에서
같은 모양을
찾을 수 있어.

(□ , △ , ○)

6

트라이앵글에서
같은 모양을
찾을 수 있어.

(□ , △ , ○)

34a

여러 가지 모양 알기

이름 :
날짜 :
시간 : : ~ :

모양의 특징 알기 ②

★ 그림을 보고 물음에 답하세요.

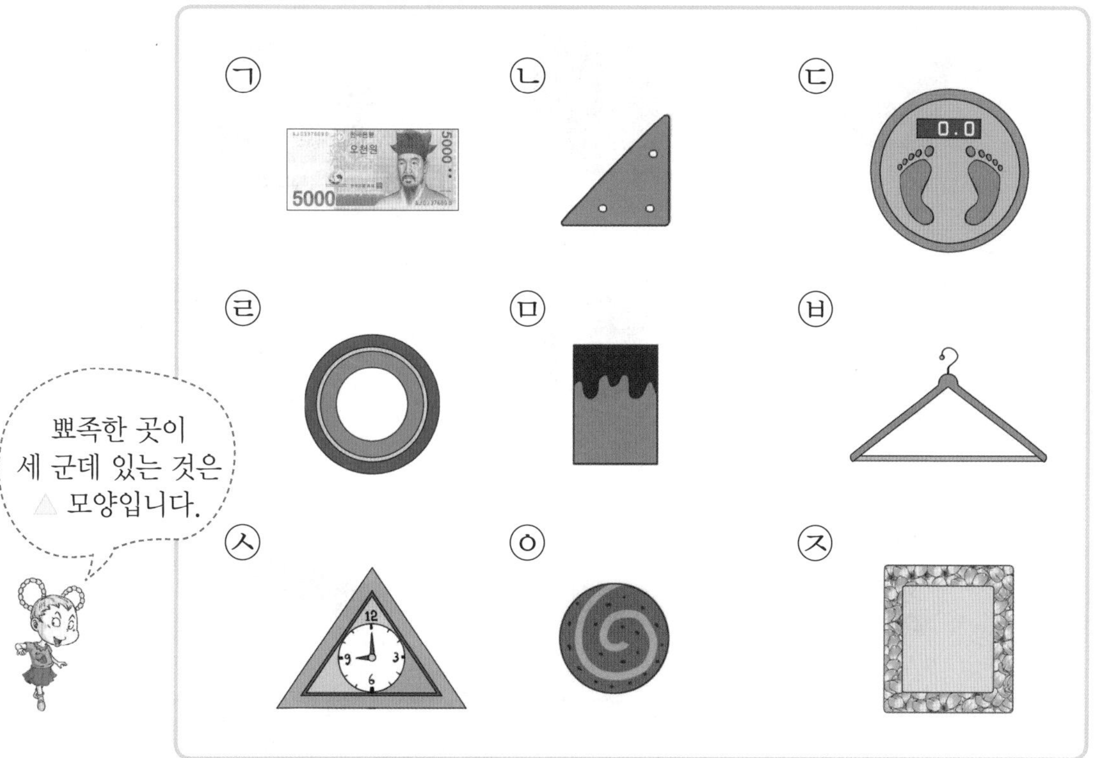

1 뾰족한 곳이 세 군데인 모양을 찾을 수 있는 물건을 모두 찾아 기호를 쓰세요.

( )

2 뾰족한 곳이 네 군데인 모양을 찾을 수 있는 물건을 모두 찾아 기호를 쓰세요.

( )

3 뾰족한 곳이 없는 물건을 모두 찾아 기호를 쓰세요.

( )

★ 그림을 보고 물음에 답하세요.

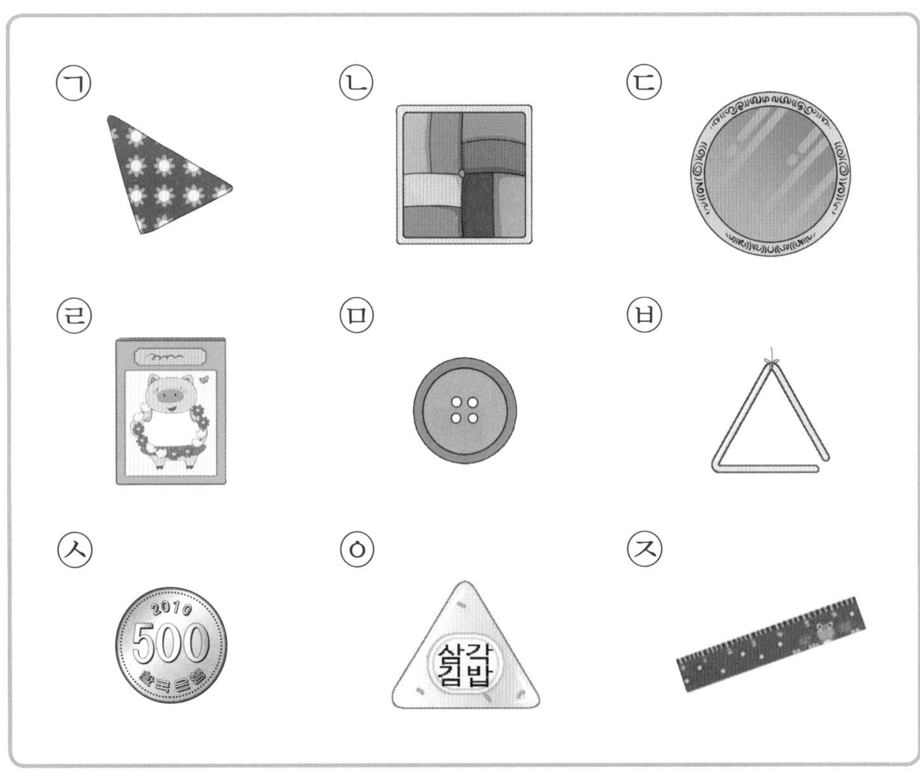

4 반듯한 선이 3개인 모양을 찾을 수 있는 물건을 모두 찾아 기호를 쓰세요.

( )

5 반듯한 선이 4개인 모양을 찾을 수 있는 물건을 모두 찾아 기호를 쓰세요.

( )

6 둥근 부분만 있는 물건을 모두 찾아 기호를 쓰세요.

( )

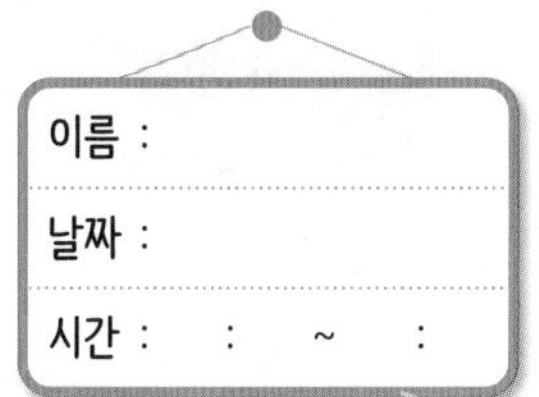

여러 가지 모양 꾸미기

이용하지 않은 모양 찾기 ①

★ 보기 의 모양을 만드는 데 이용하지 않은 모양에 ○표 하세요.

1

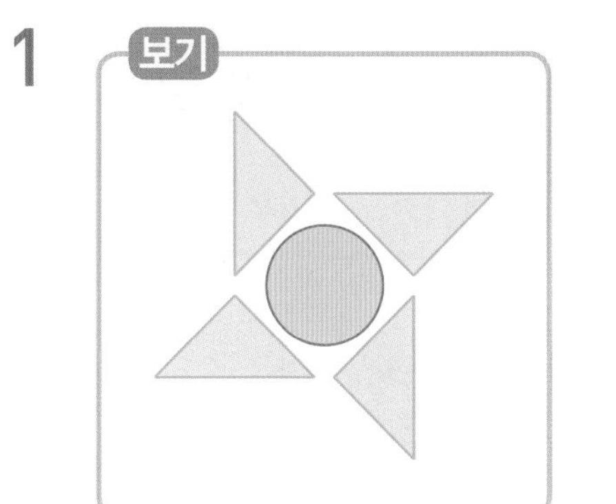

(□ , △ , ○)

2

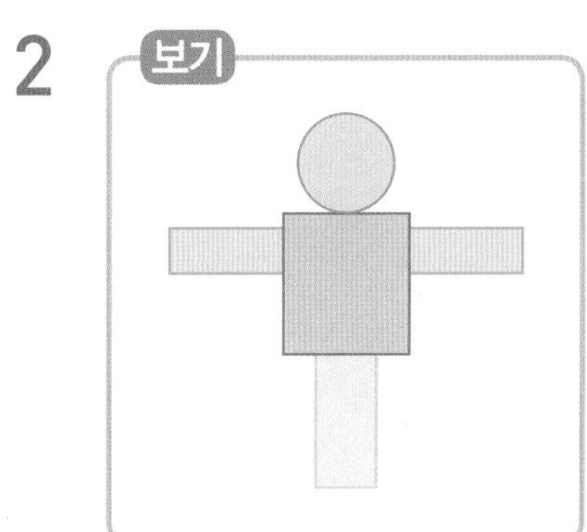

(□ , △ , ○)

3

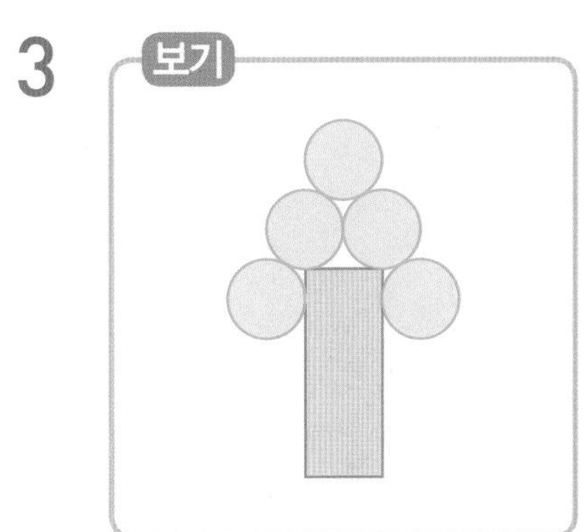

(□ , △ , ○)

4 보기

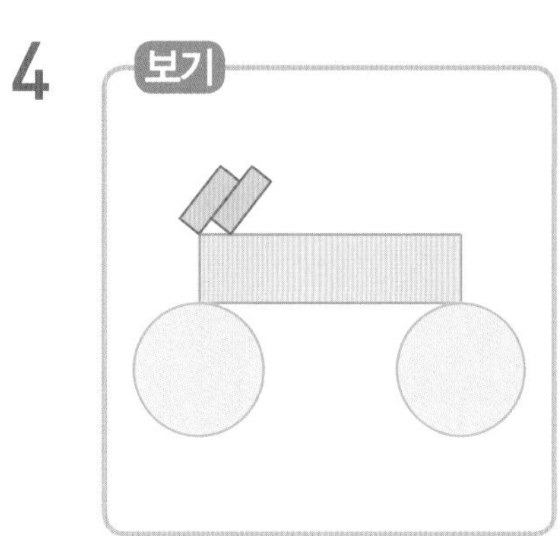

5 보기

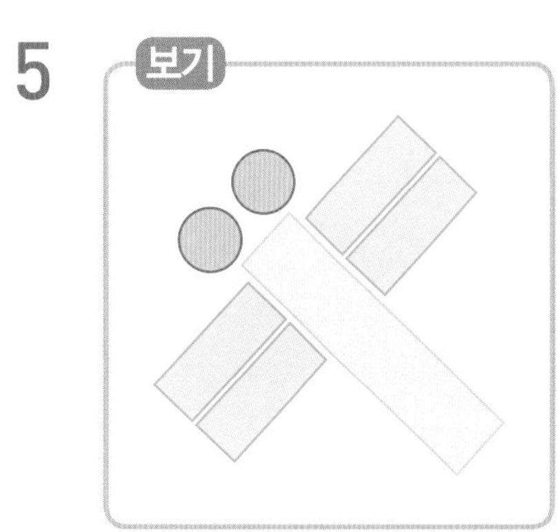

6 보기

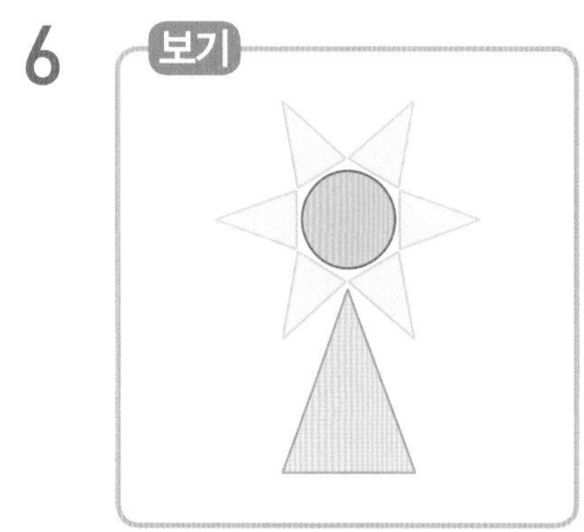

(, ,)

36a

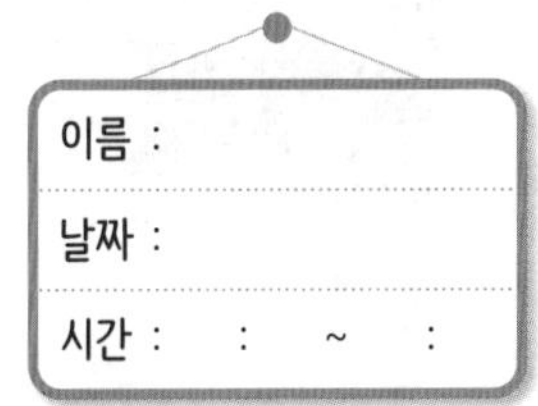

여러 가지 모양 꾸미기

이용하지 않은 모양 찾기 ②

★ 보기 의 모양을 만드는 데 이용하지 않은 모양에 ○표 하세요.

1 보기

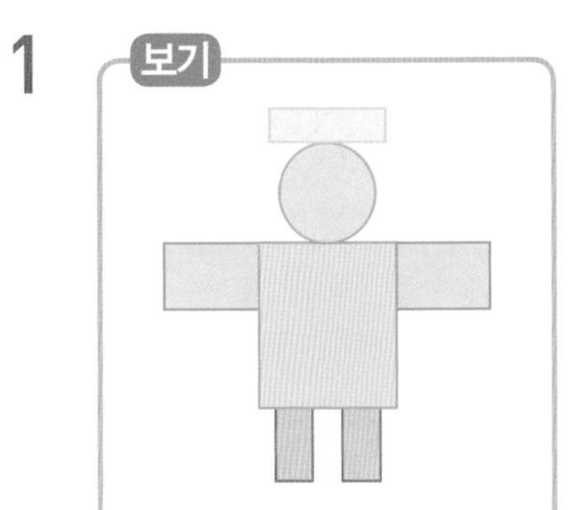

(□ , △ , ○)

2 보기

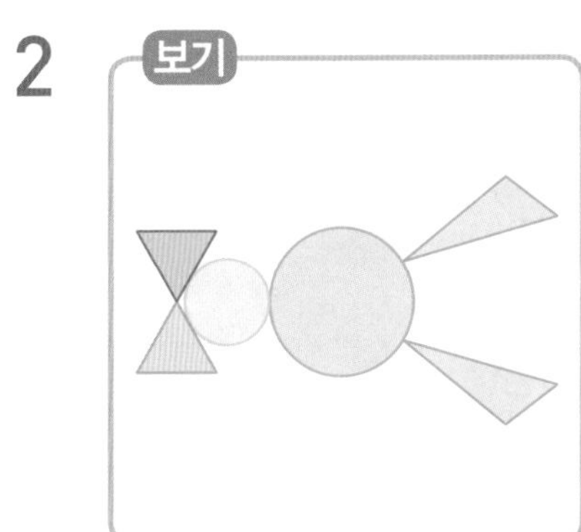

(□ , △ , ○)

3 보기

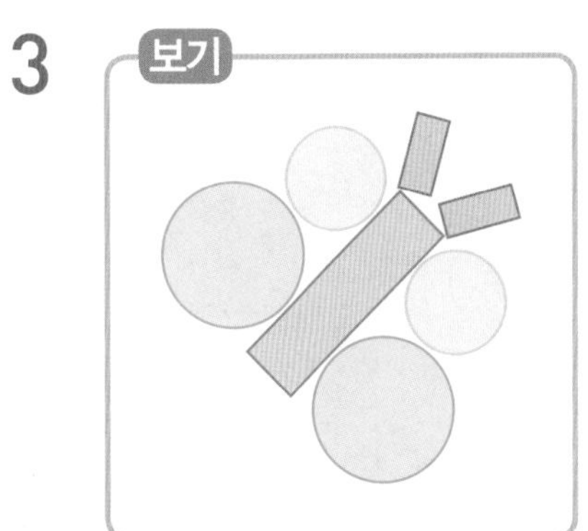

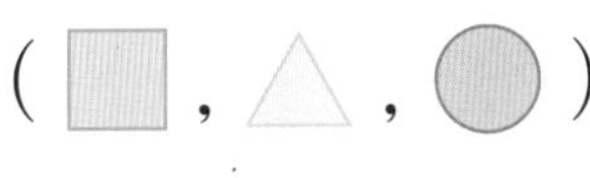

(□ , △ , ○)

4 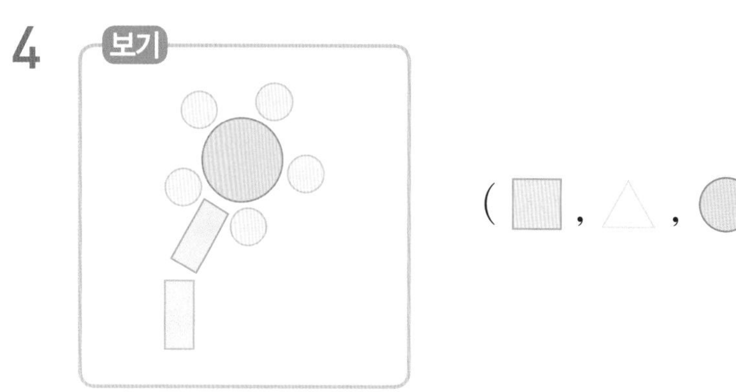

(□ , △ , ○)

5 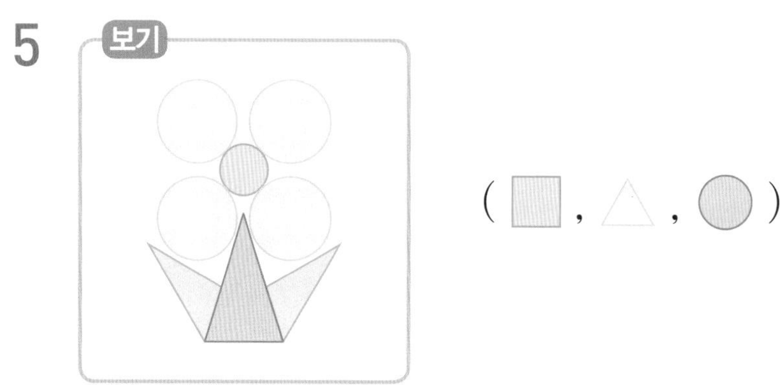

(□ , △ , ○)

6 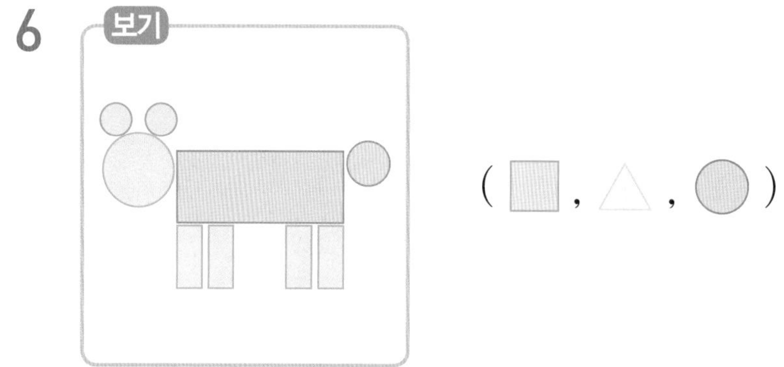

(□ , △ , ○)

37a

여러 가지 모양 꾸미기

이름 :
날짜 :
시간 : : ~ :

이용한 모양의 개수 구하기 ①

★ □, △, ○ 모양을 몇 개 이용했는지 세어 보세요.

1

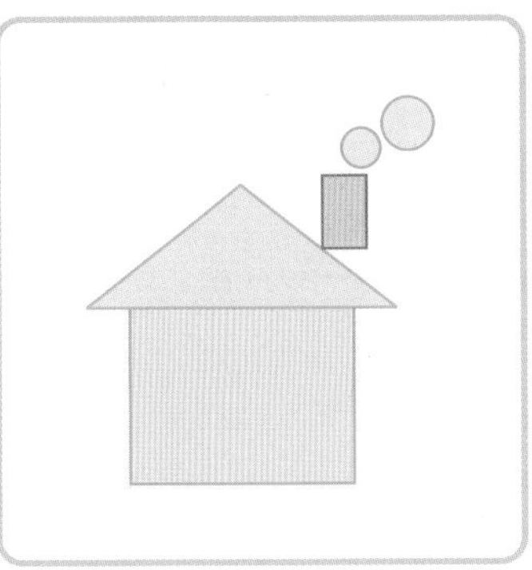

□ 모양: (　　　　　)개
△ 모양: (　　　　　)개
○ 모양: (　　　　　)개

이용한 모양의 개수를 셀 때에는 빠뜨리거나 중복되지 않게 세어야 합니다.

2

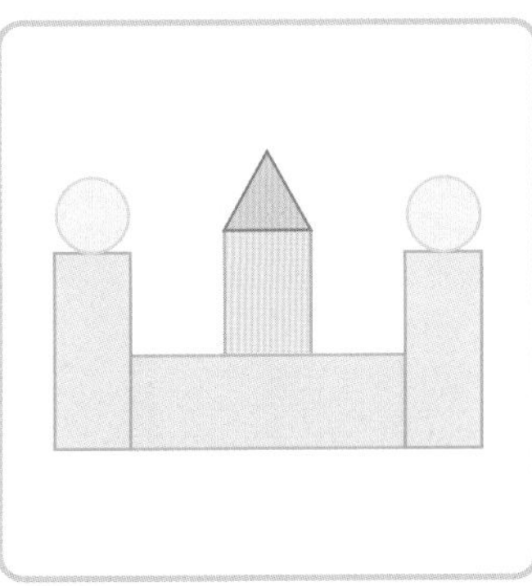

□ 모양: (　　　　　)개
△ 모양: (　　　　　)개
○ 모양: (　　　　　)개

3

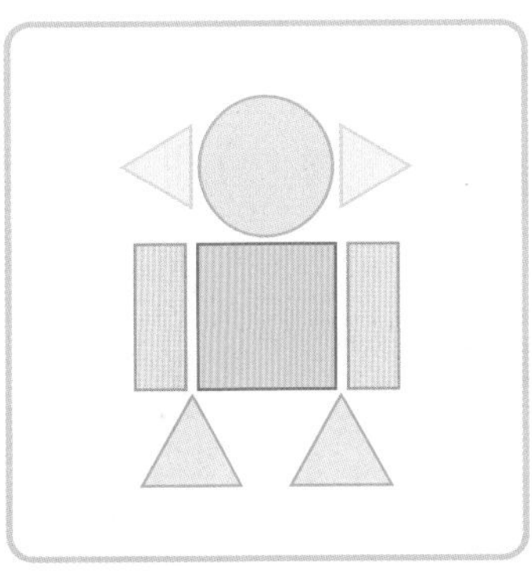

□ 모양: (　　　　　)개
△ 모양: (　　　　　)개
○ 모양: (　　　　　)개

4

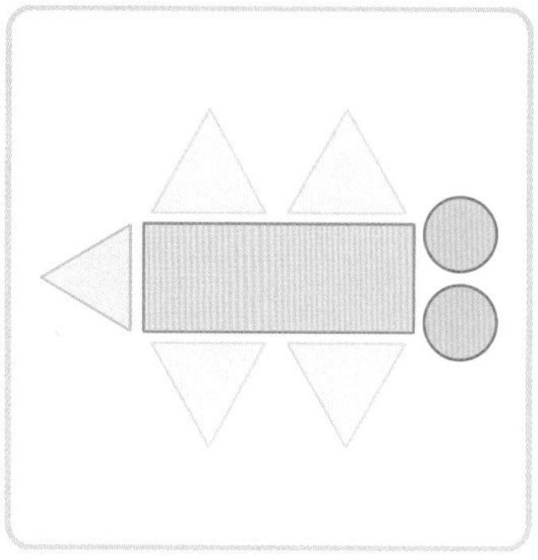

□ 모양: (　　　　　　)개

△ 모양: (　　　　　　)개

○ 모양: (　　　　　　)개

5

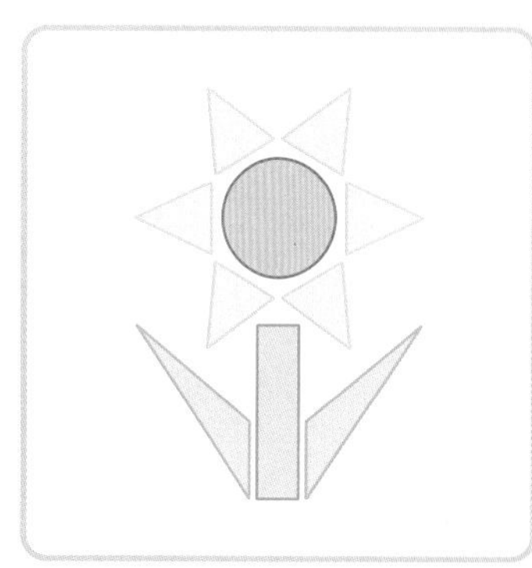

□ 모양: (　　　　　　)개

△ 모양: (　　　　　　)개

○ 모양: (　　　　　　)개

6

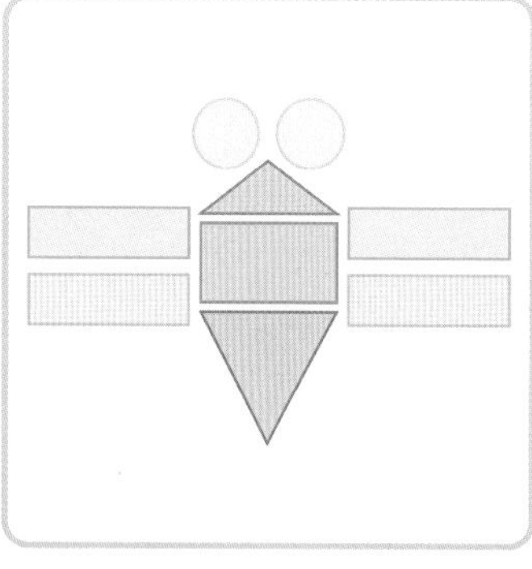

□ 모양: (　　　　　　)개

△ 모양: (　　　　　　)개

○ 모양: (　　　　　　)개

38a

여러 가지 모양 꾸미기

이름 :
날짜 :
시간 : : ~ :

이용한 모양의 개수 구하기 ②

★ □, △, ○ 모양을 몇 개 이용했는지 세어 보세요.

1

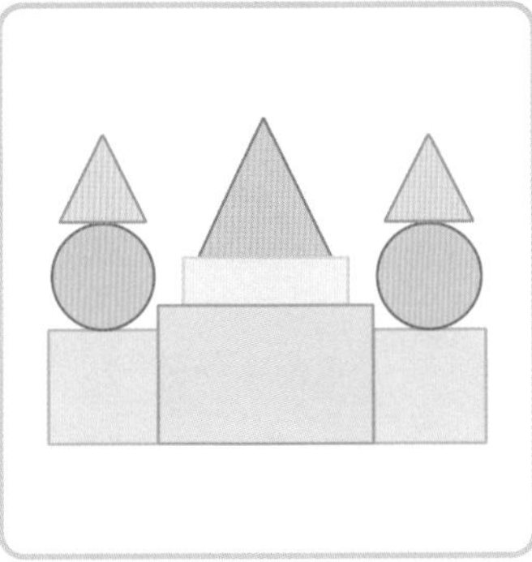

□ 모양: (　　　　　　)개
△ 모양: (　　　　　　)개
○ 모양: (　　　　　　)개

2

□ 모양: (　　　　　　)개
△ 모양: (　　　　　　)개
○ 모양: (　　　　　　)개

3

□ 모양: (　　　　　　)개
△ 모양: (　　　　　　)개
○ 모양: (　　　　　　)개

4

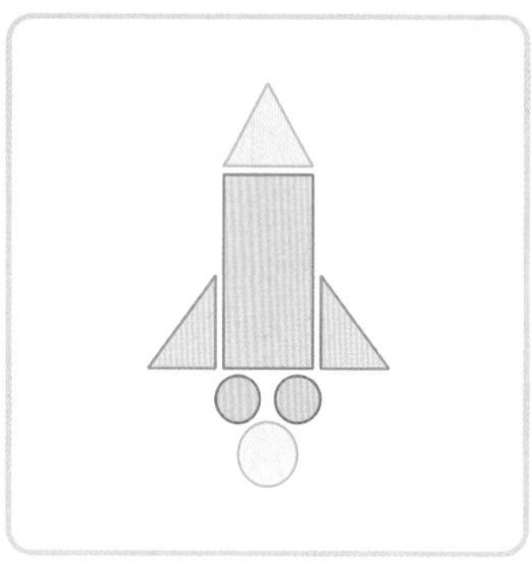

□ 모양: (　　　　　　)개
△ 모양: (　　　　　　)개
○ 모양: (　　　　　　)개

5

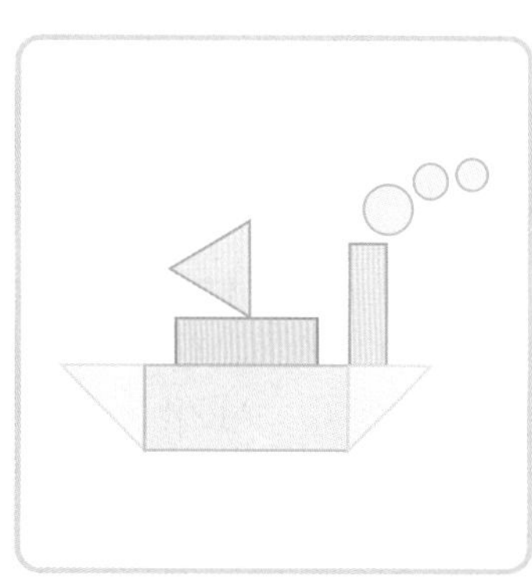

□ 모양: (　　　　　　)개
△ 모양: (　　　　　　)개
○ 모양: (　　　　　　)개

6

□ 모양: (　　　　　　)개
△ 모양: (　　　　　　)개
○ 모양: (　　　　　　)개

39a

여러 가지 모양 꾸미기

이름 :
날짜 :
시간 : : ~ :

주어진 모양으로 여러 가지 모양 꾸미기 ①

★ 보기 의 모양을 모두 이용하여 꾸민 모양을 찾아 기호를 써 보세요.

1 보기

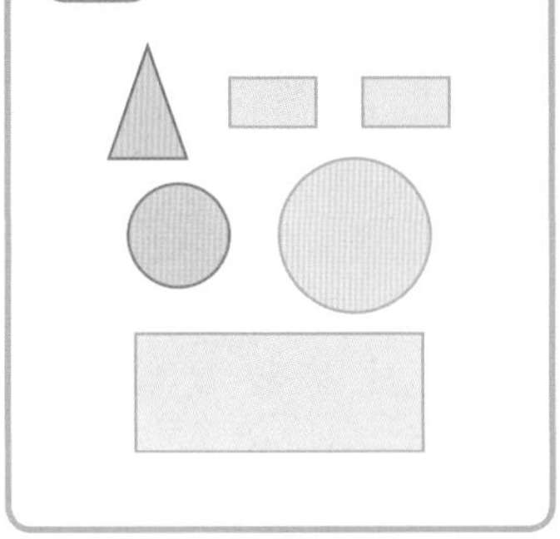

㉠ 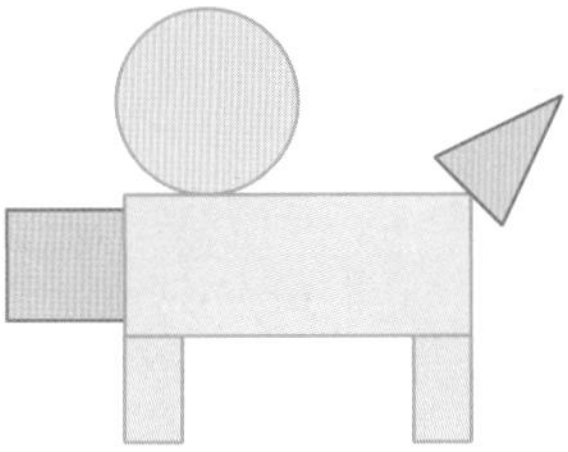 ㉡

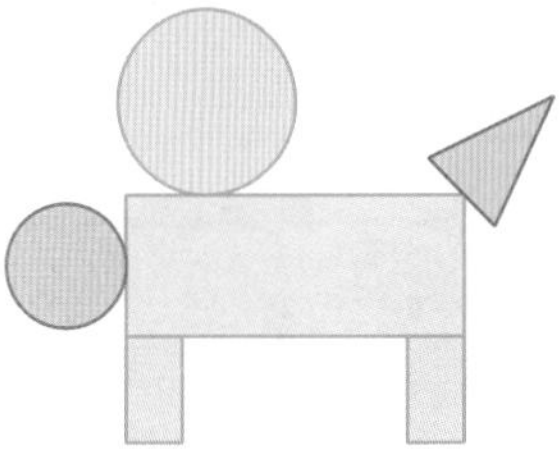

( )

2 보기

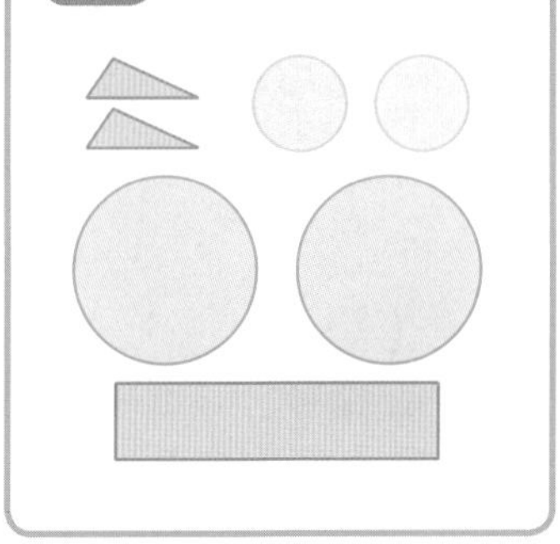

㉠ 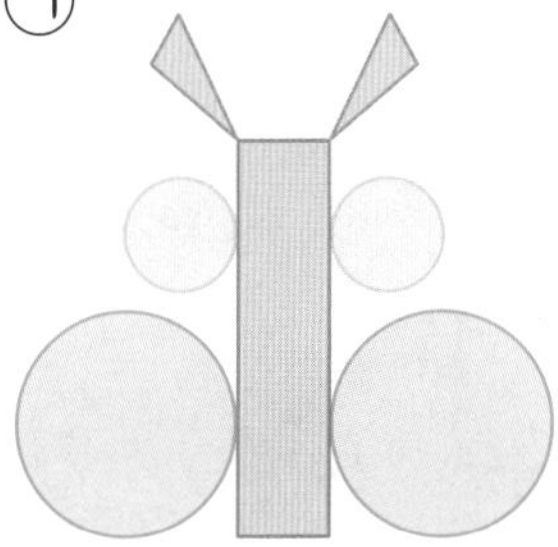 ㉡

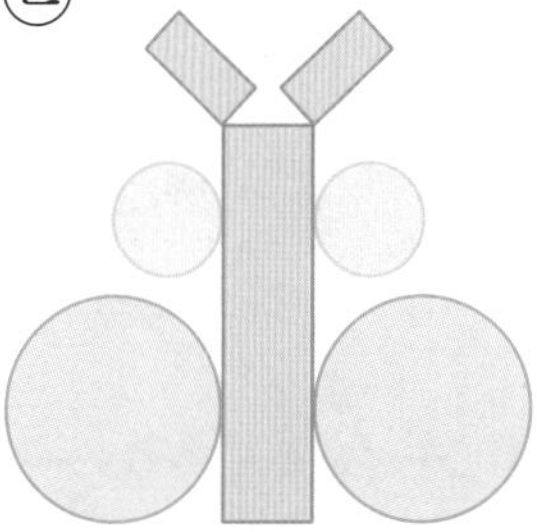

( )

3 보기

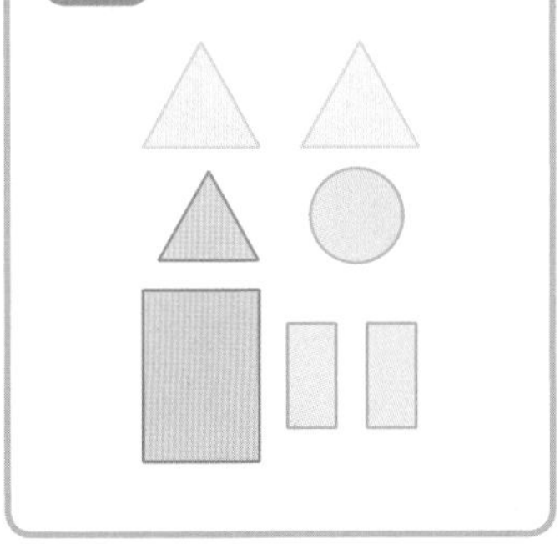

㉠  ㉡

( )

4 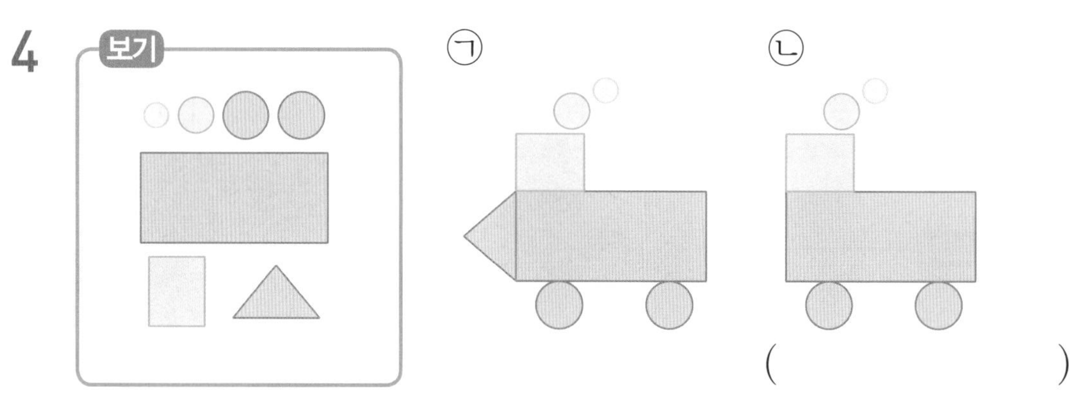

( )

5 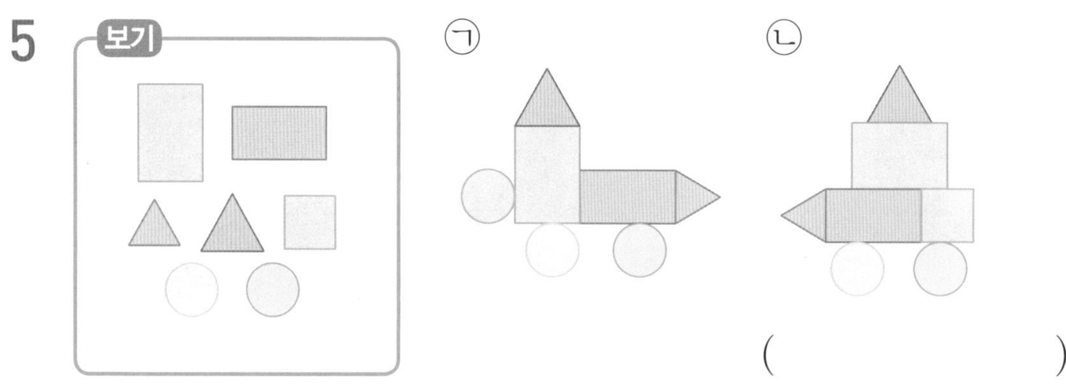

( )

6 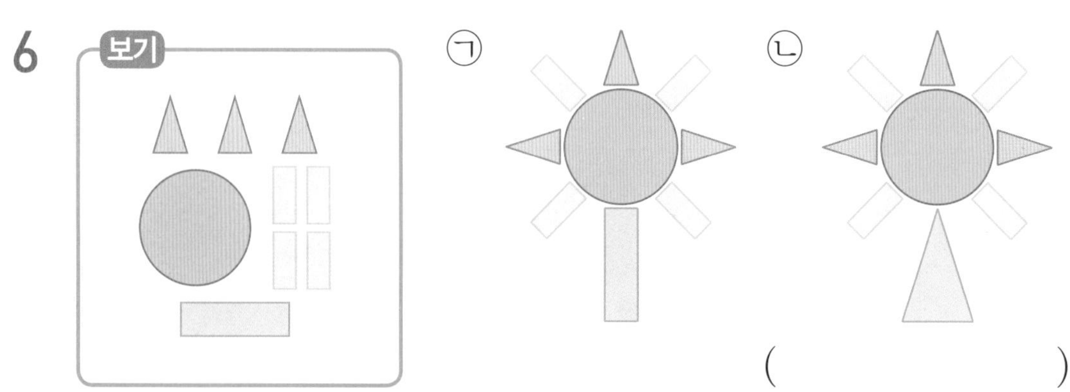

( )

이름 :
날짜 :
시간 : : ~ :

여러 가지 모양 꾸미기

주어진 모양으로 여러 가지 모양 꾸미기 ②

★ 보기의 모양을 모두 이용하여 꾸민 모양을 찾아 기호를 써 보세요.

1 보기

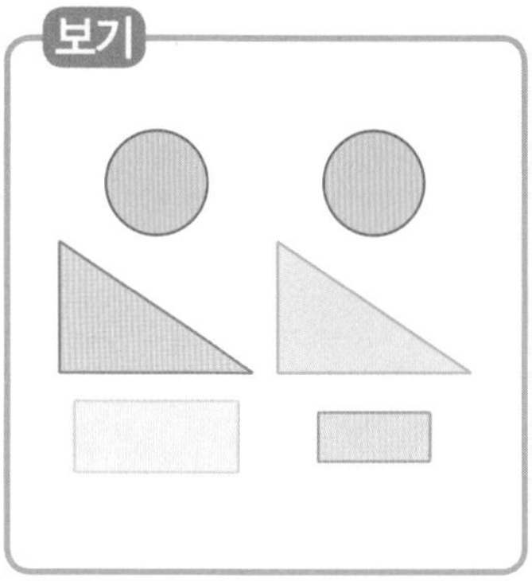

㉠ 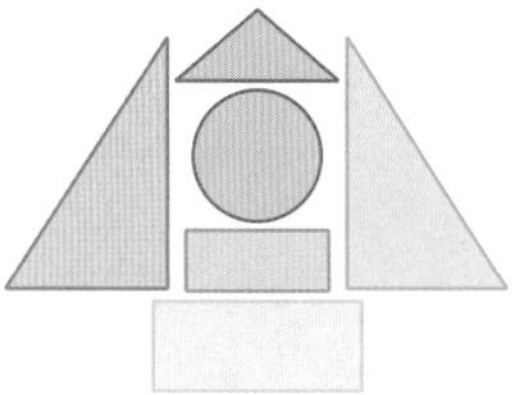 ㉡

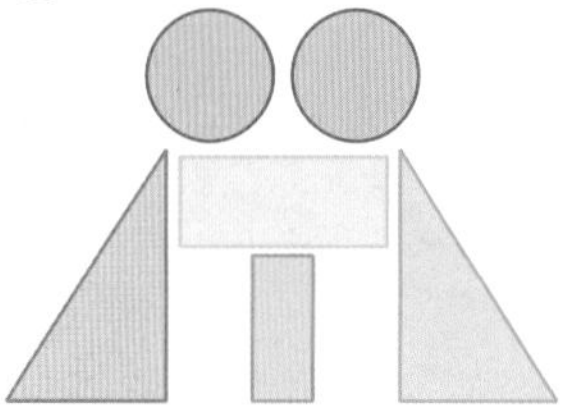

( )

2 보기

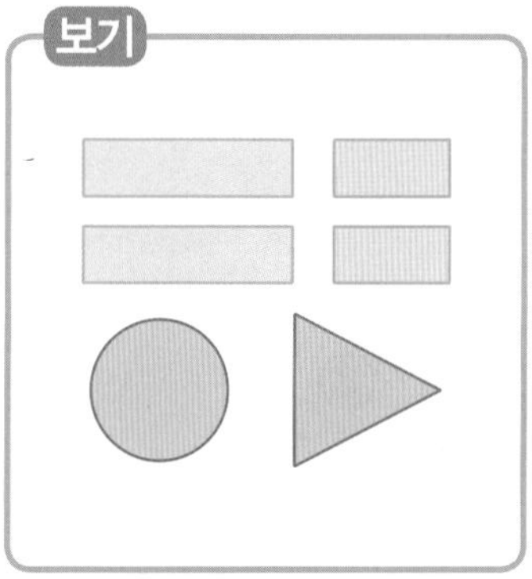

㉠ 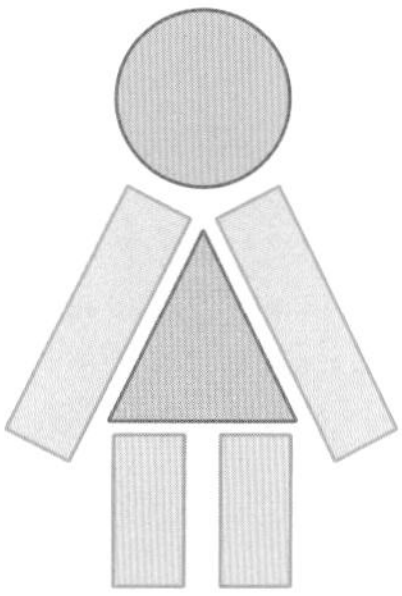 ㉡

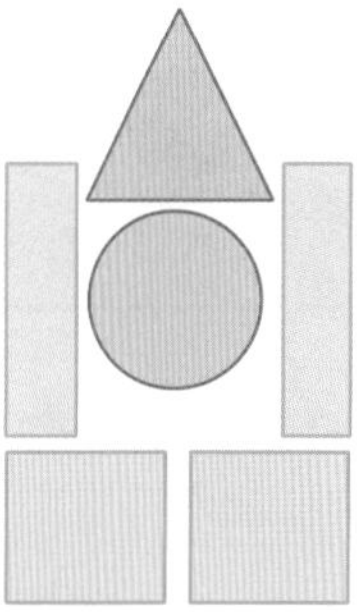

( )

3 보기

㉠  ㉡

( )

4 보기

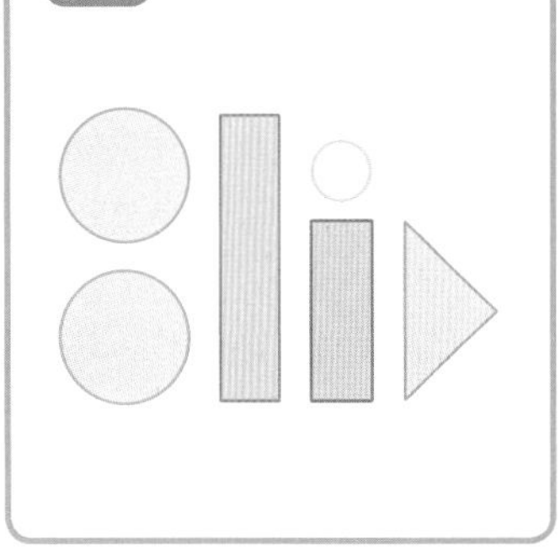

㉠

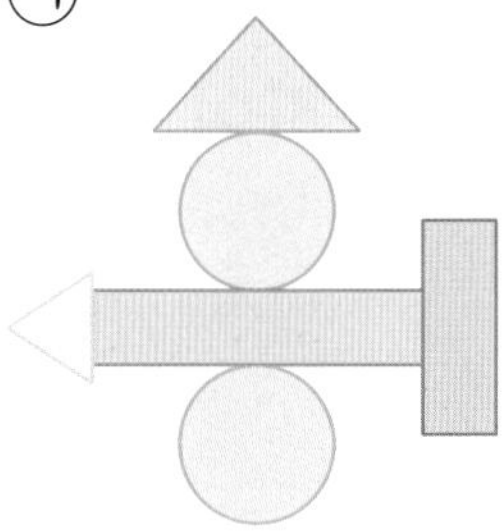

㉡

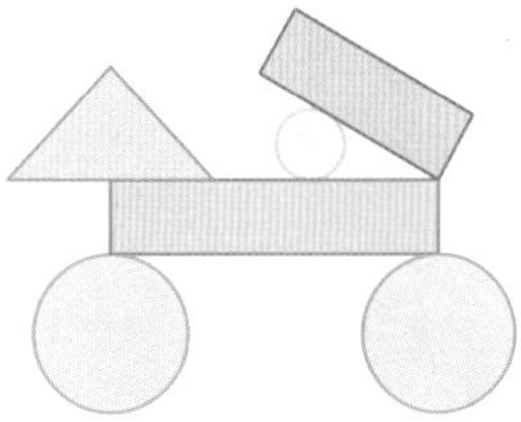

(　　　　　　　　　)

5 보기

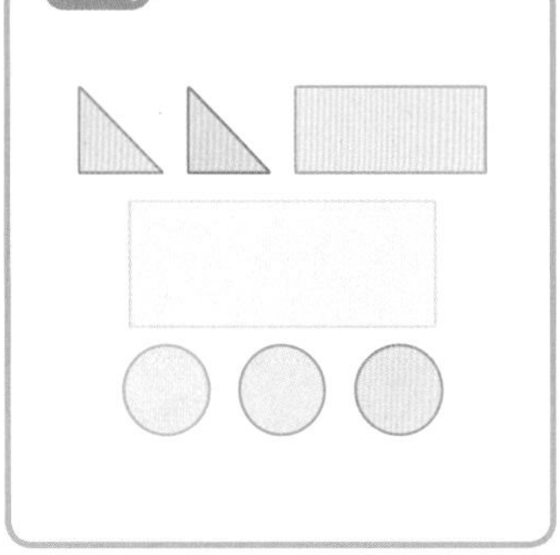

㉠

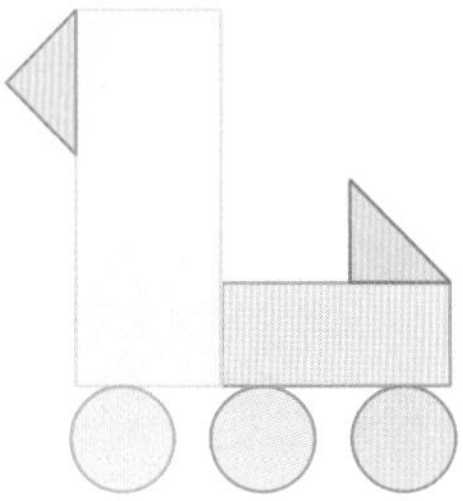

㉡

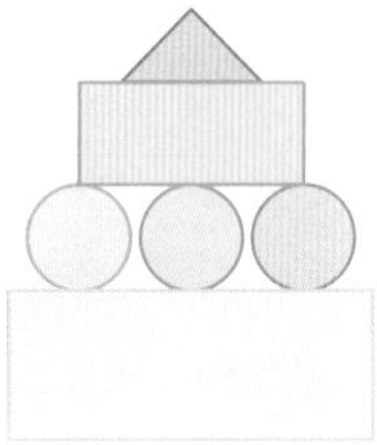

(　　　　　　　　　)

6 보기

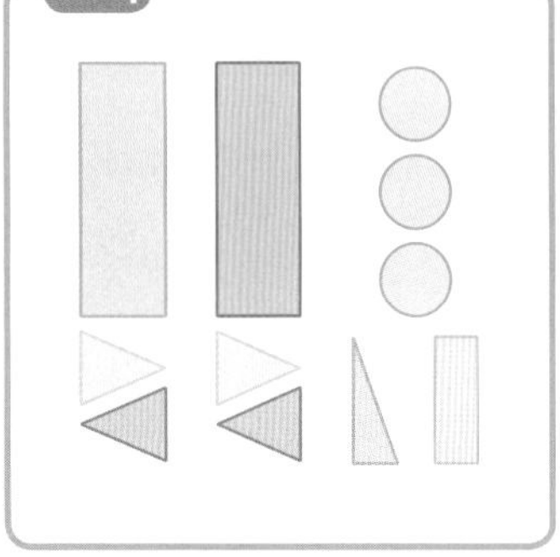

㉠

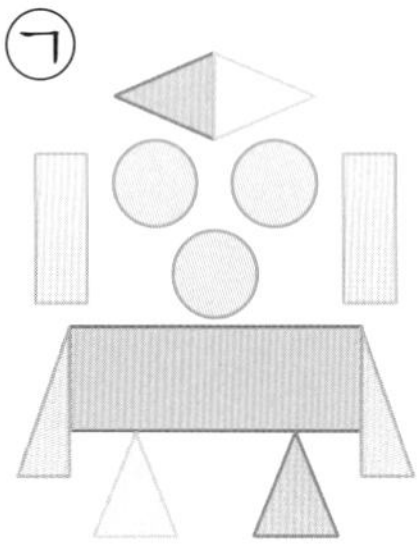

㉡

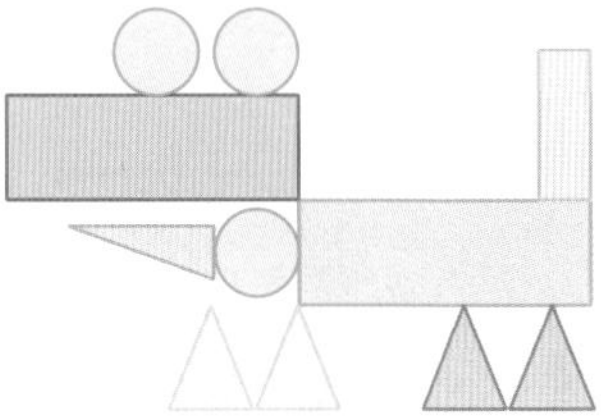

(　　　　　　　　　)

다음 학습 연관표

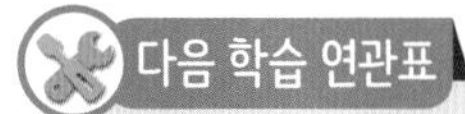

1과정 , , 모양/ , , 모양 ⟶ 3과정 여러 가지 평면도형/쌓기나무

기탄영역별수학
도형·측정편

1과정 | ▢, ▢, ○ 모양/□, △, ○ 모양

이름	
실시 연월일	년 월 일
걸린 시간	분 초
오답 수	/ 12

기초부터 탄탄하게 기탄교육

1 어떤 모양을 모은 것인지 알맞은 모양에 ○표 하세요.

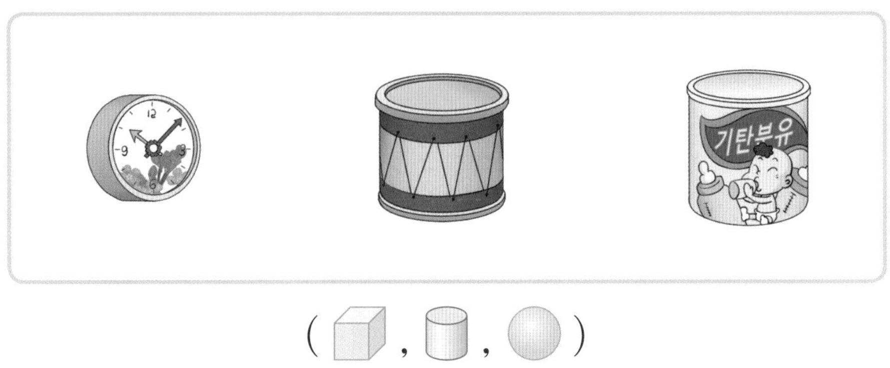

(, ,)

2 모양을 찾아 기호를 쓰세요.

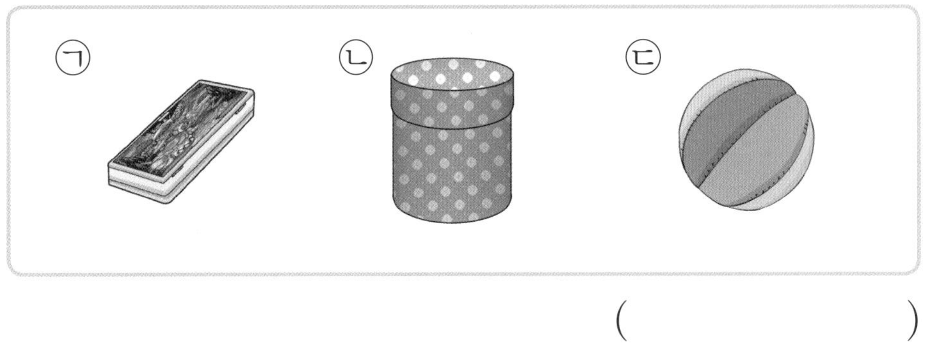

( )

3 단비가 생각하는 모양을 찾아 ○표 하세요.

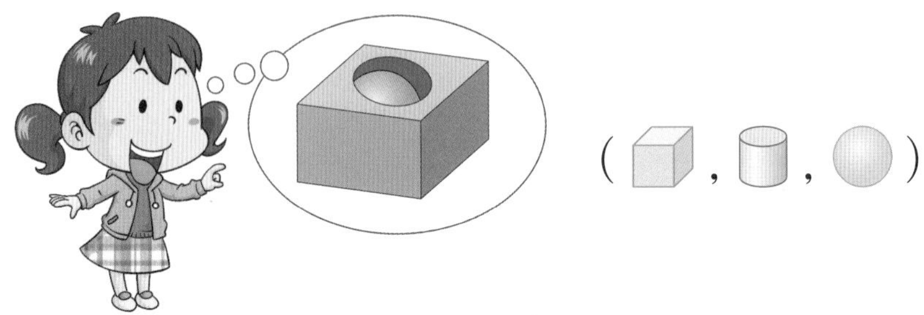

(, ,)

4 희찬이가 말하는 모양의 물건을 찾아 기호를 쓰세요.

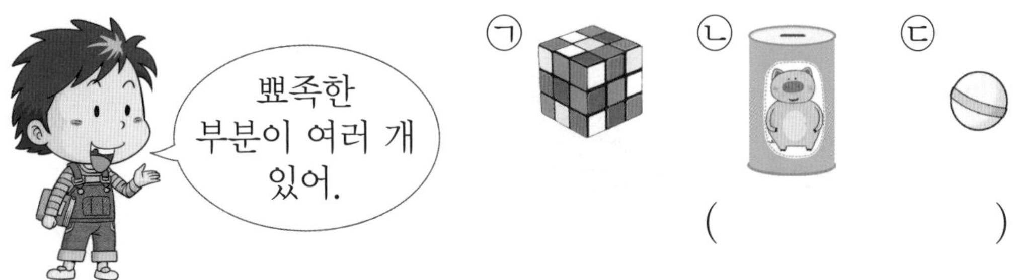

(　　　　　)

5 ▢, ▢, ◯ 모양을 몇 개 이용했는지 세어 보세요.

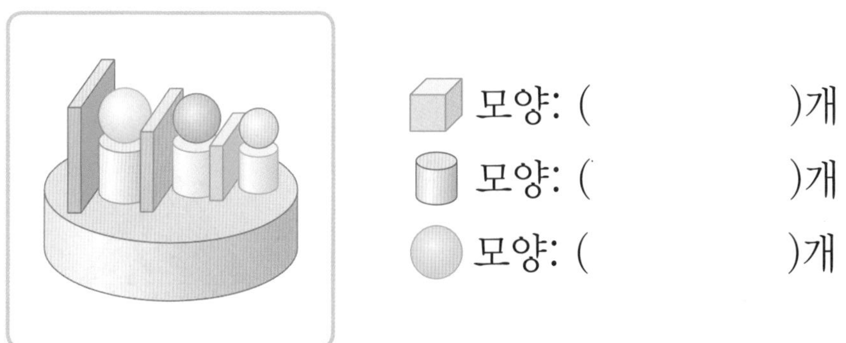

▢ 모양: (　　　　　)개
▢ 모양: (　　　　　)개
◯ 모양: (　　　　　)개

6 보기 의 모양을 모두 이용하여 만든 모양을 찾아 기호를 써 보세요.

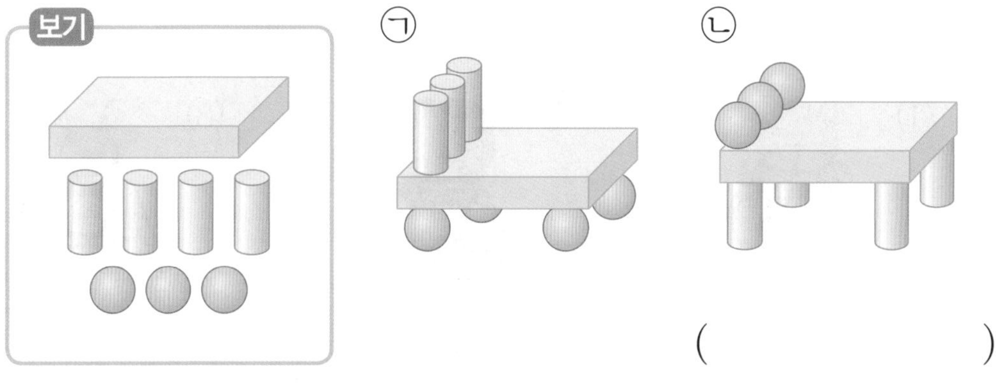

(　　　　　)

7 어떤 모양을 모은 것인지 알맞은 모양에 ○표 하세요.

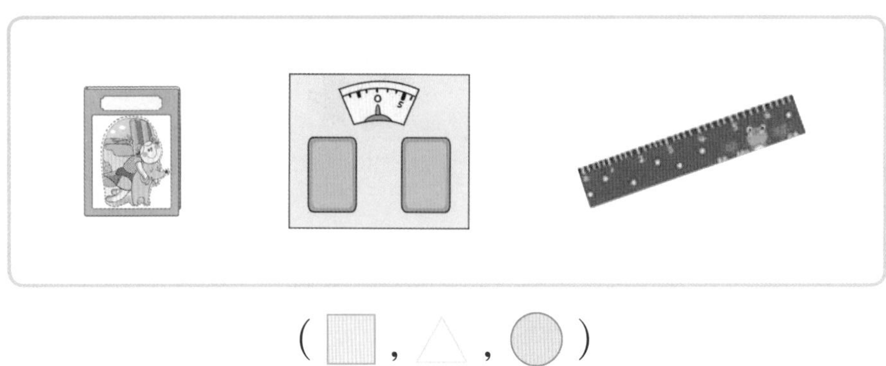

(□ , △ , ○)

8 ○ 모양을 찾아 기호를 쓰세요.

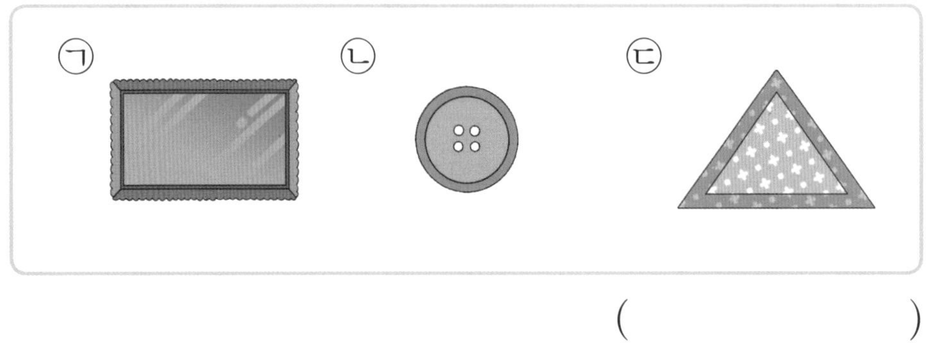

( )

9 동물들이 반죽에 모양틀을 찍어 쿠키를 만들려고 합니다. 만들어진 쿠키 모양을 찾아 ○표 하세요.

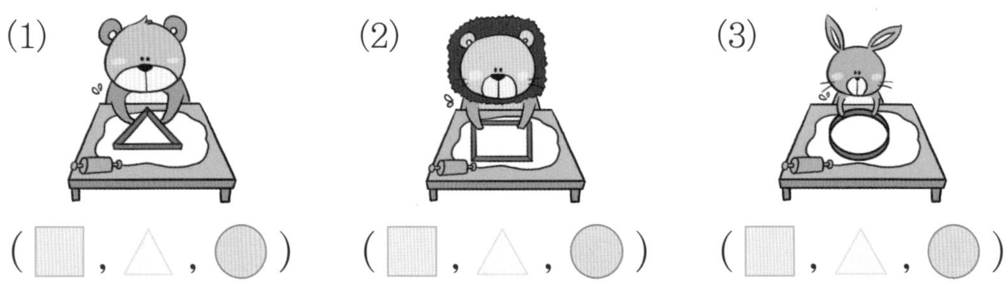

(1) (□ , △ , ○) (2) (□ , △ , ○) (3) (□ , △ , ○)

10 ▢ 모양의 특징을 잘못 설명한 사람의 이름을 쓰세요.

> 현주: 반듯한 선이 모두 4개 있어.
> 기호: 뾰족한 곳이 모두 네 군데야.
> 수일: 꺾이는 부분이 없어.

( )

11 ▢, △, ○ 모양을 몇 개 이용했는지 세어 보세요.

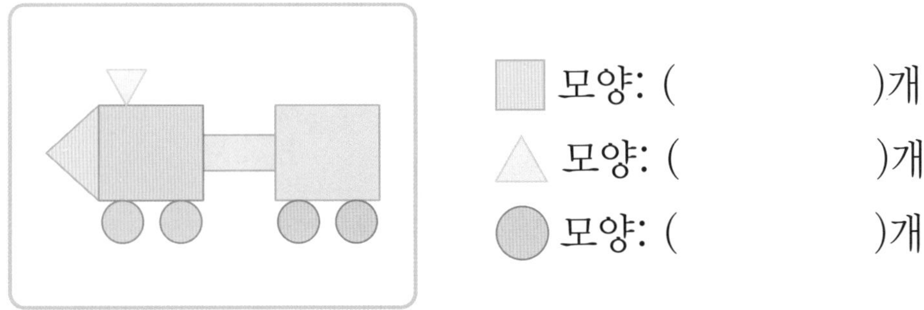

▢ 모양: ( )개
△ 모양: ( )개
○ 모양: ( )개

12 보기의 모양을 모두 이용하여 꾸민 모양을 찾아 기호를 써 보세요.

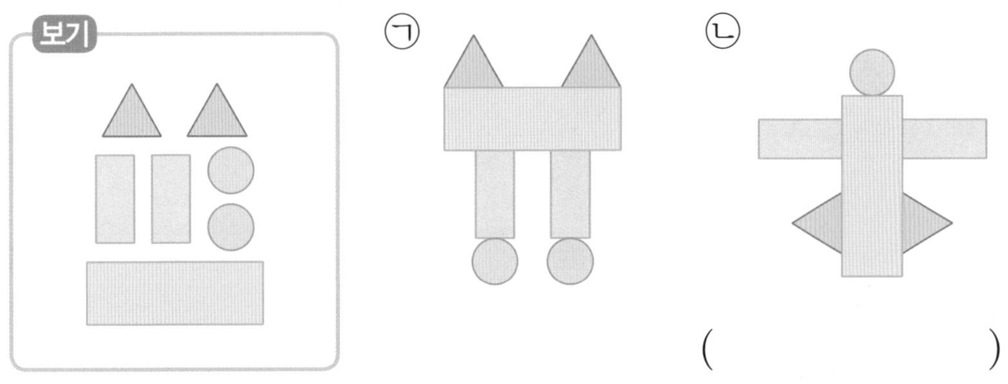

( )

성취도 테스트 결과표

1과정 | ▢, ▢, ◯ 모양/ □, △, ◯ 모양

번호	평가 요소	평가 내용	결과(O, X)	관련 내용
1	여러 가지 모양 찾기	▢, ▢, ◯ 모양 중 어떤 모양을 모은 것인지를 구별할 수 있는지 확인하는 문제입니다.		1a
2		생활 주변에서 ▢, ▢, ◯ 모양을 찾을 수 있는지 확인하는 문제입니다.		3a
3	여러 가지 모양 알기	일부분만 보고 모양 전체를 알 수 있는지 확인하는 문제입니다.		9a
4		▢, ▢, ◯ 모양의 특징을 알고 있는지 확인하는 문제입니다.		12a
5	여러 가지 모양 만들기	만든 모양에서 ▢, ▢, ◯ 모양의 개수를 구할 수 있는지 확인하는 문제입니다.		15a
6		주어진 모양을 모두 이용하여 만든 모양을 찾을 수 있는지 확인하는 문제입니다.		17a
7	여러 가지 모양 찾기	□, △, ◯ 모양 중 어떤 모양을 모은 것인지를 구별할 수 있는지 확인하는 문제입니다.		21a
8		생활 주변에서 □, △, ◯ 모양을 찾을 수 있는지 확인하는 문제입니다.		23a
9	여러 가지 모양 알기	찍어 내는 방법을 통하여 □, △, ◯ 모양을 아는지 확인하는 문제입니다.		29a
10		□, △, ◯ 모양의 특징을 알고 있는지 확인하는 문제입니다.		33a
11	여러 가지 모양 꾸미기	꾸민 모양에서 □, △, ◯ 모양의 개수를 구할 수 있는지 확인하는 문제입니다.		37a
12		주어진 모양을 모두 이용하여 꾸민 모양을 찾을 수 있는지 확인하는 문제입니다.		39a

평가 기준

평가	□ A등급(매우 잘함)	□ B등급(잘함)	□ C등급(보통)	□ D등급(부족함)
오답 수	0~1	2	3	4~

- A, B등급: 다음 교재를 시작하세요.
- C등급: 틀린 부분을 다시 한번 더 공부한 후, 다음 교재를 시작하세요.
- D등급: 본 교재를 다시 구입하여 복습한 후, 다음 교재를 시작하세요.

1과정 정답과 풀이

1ab

1 2 3 4
5 6

〈풀이〉

1 모은 물건은 모두 모양입니다.

2 모은 물건은 모두 모양입니다.

3 모은 물건은 모두 모양입니다.

4 모은 물건은 모두 모양입니다.

5 모은 물건은 모두 모양입니다.

6 모은 물건은 모두 모양입니다.

2ab

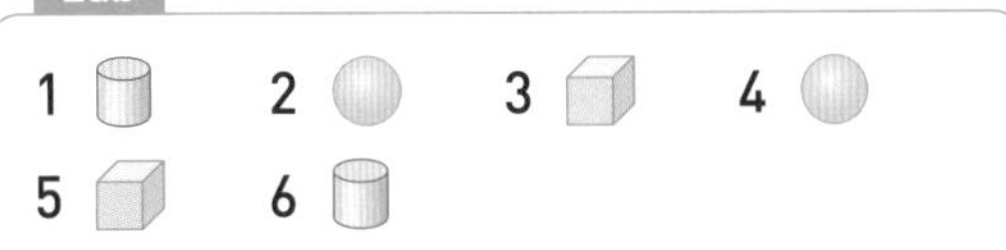

1 2 3 4
5 6

3ab

1 ㉢ 2 ㉠ 3 ㉡ 4 ㉢
5 ㉡ 6 ㉠

〈풀이〉

1 ⇨ 모양, ⇨ 모양,
⇨ 모양

2 ⇨ 모양, ⇨ 모양,
⇨ 모양

3 ⇨ 모양, ⇨ 모양,
⇨ 모양

4 ⇨ 모양, ⇨ 모양,
⇨ 모양

5 ⇨ 모양, ⇨ 모양,
⇨ 모양

6 ⇨ 모양, ⇨ 모양,
⇨ 모양

4ab

1 ㉡ 2 ㉠ 3 ㉢ 4 ㉠
5 ㉢ 6 ㉡

5ab

1 ㉢, ㉤, ㉦ 2 ㉠, ㉥, ㉧
3 ㉡, ㉣, ㉦ 4 ㉡, ㉣, ㉧
5 ㉠, ㉥, ㉦ 6 ㉢, ㉤, ㉦

〈풀이〉

1 모양 ⇨ , ,

2 모양 ⇨ , ,

3 모양 ⇨ , ,

4 모양 ⇨ , ,

5 모양 ⇨ , ,

6 모양 ⇨ , ,

6ab

1 ㉠, ㉥, ㉦ 2 ㉡, ㉣, ㉧
3 ㉢, ㉤, ㉦ 4 ㉢, ㉣, ㉦
5 ㉡, ㉤, ㉧ 6 ㉠, ㉥, ㉦

7ab

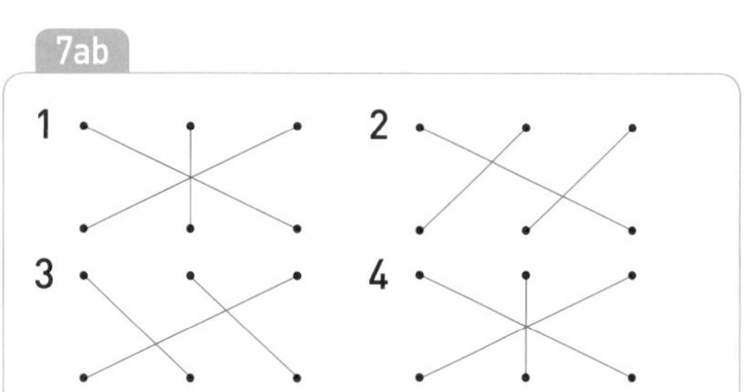

〈풀이〉

1  모양

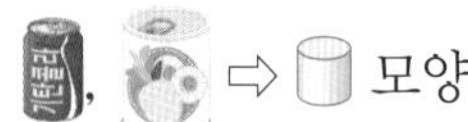 모양

 모양

3 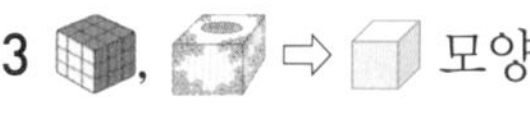 모양

 모양

 모양

8ab

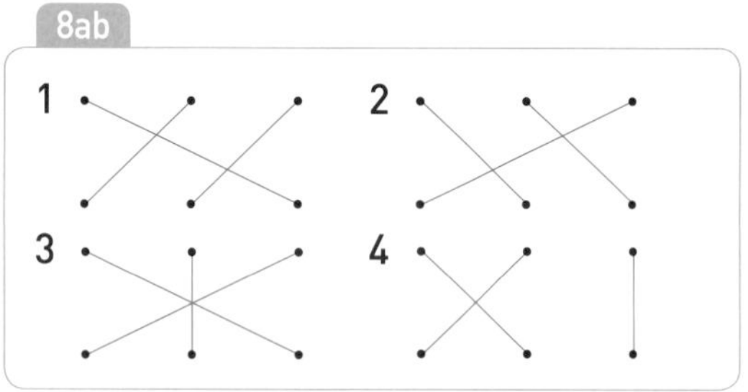

9ab

1 ㉢	2 ㉡	3 ㉠	4 ㉢
5 ㉠	6 ㉡		

〈풀이〉

4 : 평평한 부분과 뾰족한 부분이 보이므로 모양입니다.

5 : 평평한 부분과 둥근 부분이 보이므로 모양입니다.

6 : 둥근 부분만 보이므로 모양입니다.

10ab

1 ㉠, ㉢	2 ㉡, ㉤	3 ㉣
4 ㉣	5 ㉠, ㉢	6 ㉡, ㉤

〈풀이〉

1 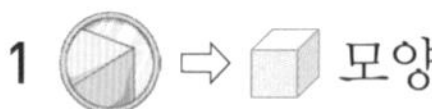

2 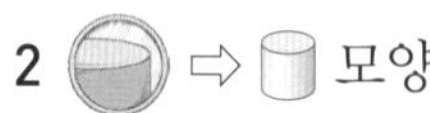

3 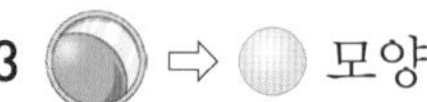

11ab

1 ㉡, ㉤	2 ㉣	3 ㉠, ㉢
4 ㉡, ㉣	5 ㉠, ㉤	6 ㉢

12ab

1 ㉡, ㉥　　2 ㉡, ㉥

〈풀이〉

1 평평한 부분과 뾰족한 부분이 있는 것은 모양입니다. 따라서 모양의 물건을 찾습니다.

2 둥글고 긴 것은 모양입니다. 따라서 모양의 물건을 찾습니다.

13ab

1 ㉠, ㉥ 2 ㉡, ㉣

〈풀이〉

1 세워서 쌓으면 잘 쌓을 수 있지만 눕혀서 쌓으면 잘 쌓을 수 없는 것은 모양입니다. 따라서 모양의 물건을 찾습니다.

2 평평한 부분이 없어서 잘 쌓을 수 없는 것은 모양입니다. 따라서 모양의 물건을 찾습니다.

14ab

1 ㉡, ㉥ 2 ㉠, ㉥

〈풀이〉

1 둥근 부분이 없어서 잘 굴러가지 않는 것은 모양입니다. 따라서 모양의 물건을 찾습니다.

2 모든 부분이 둥글어서 잘 굴러가는 것은 모양입니다. 따라서 모양의 물건을 찾습니다.

15ab

1 2, 1, 1 2 1, 4, 1 3 1, 4, 1
4 3, 2, 2 5 2, 4, 3 6 1, 5, 3

〈풀이〉

1 모양 2개, 모양 1개, 모양 1개를 이용하여 만든 모양입니다.

2 모양 1개, 모양 4개, 모양 1개를 이용하여 만든 모양입니다.

3 모양 1개, 모양 4개, 모양 1개를 이용하여 만든 모양입니다.

4 모양 3개, 모양 2개, 모양 2개를 이용하여 만든 모양입니다.

5 모양 2개, 모양 4개, 모양 3개를 이용하여 만든 모양입니다.

6 모양 1개, 모양 5개, 모양 3개를 이용하여 만든 모양입니다.

16ab

1 5, 1, 1 2 4, 4, 1 3 2, 5, 3
4 3, 5, 4 5 4, 4, 2 6 2, 6, 5

17ab

1 ㉡ 2 ㉠ 3 ㉡ 4 ㉡
5 ㉠ 6 ㉡

〈풀이〉

1 보기에는 모양이 1개, 모양이 4개, 모양이 1개 있습니다.
㉠ 모양: 1개, 모양: 3개, 모양: 1개
㉡ 모양: 1개, 모양: 4개, 모양: 1개

2 보기에는 모양이 1개, 모양이 2개, 모양이 2개 있습니다.
㉠ 모양: 1개, 모양: 2개, 모양: 2개
㉡ 모양: 1개, 모양: 1개, 모양: 4개

3 보기에는 모양이 1개, 모양이 4개, 모양이 2개 있습니다.
㉠ 모양: 2개, 모양: 2개, 모양: 2개

㉡ 모양: 1개, 모양: 4개,
모양: 2개

4 보기 에는 모양이 2개, 모양이 2개, 모양이 2개 있습니다.
㉠ 모양: 3개, 모양: 2개,
모양: 2개
㉡ 모양: 2개, 모양: 2개,
모양: 2개

5 보기 에는 모양이 1개, 모양이 3개, 모양이 2개 있습니다.
㉠ 모양: 1개, 모양: 3개,
모양: 2개
㉡ 모양: 2개, 모양: 3개,
모양: 2개

6 보기 에는 모양이 2개, 모양이 4개, 모양이 2개 있습니다.
㉠ 모양: 3개, 모양: 3개,
모양: 2개
㉡ 모양: 2개, 모양: 4개,
모양: 2개

18ab

1 ㉢ 2 ㉠ 3 ㉡ 4 ㉡
5 ㉢ 6 ㉠

19ab

1
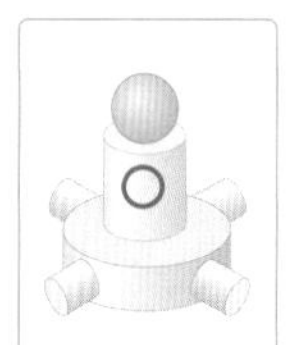

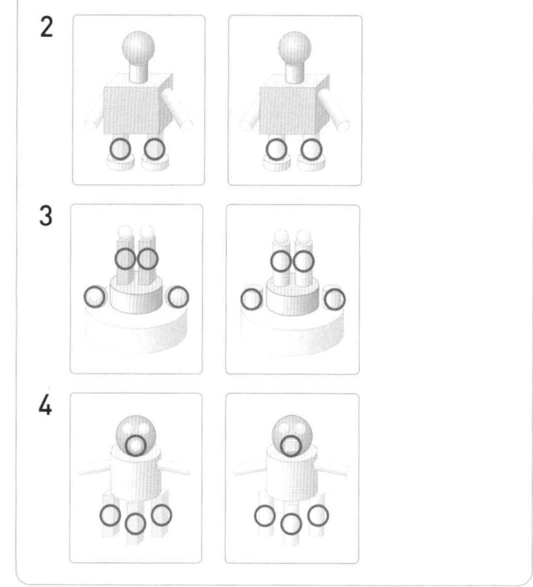

〈풀이〉

1 모양이 모양으로 바뀌었습니다.

2 모양이 모양으로 바뀌었습니다.

3 모양이 모양, 모양이 모양으로 바뀌었습니다.

4 모양이 모양, 모양이 모양으로 바뀌었습니다.

20ab

1
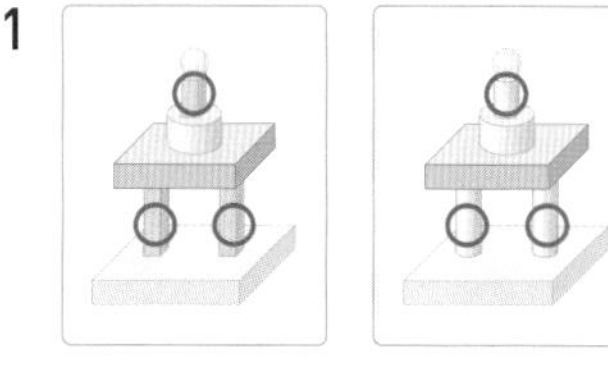

2
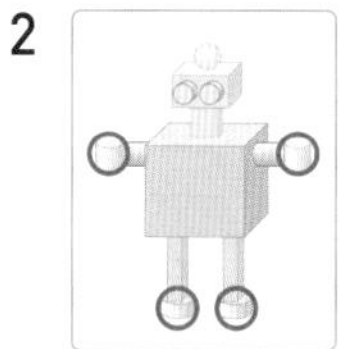

3
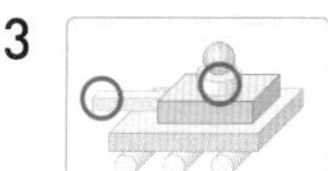
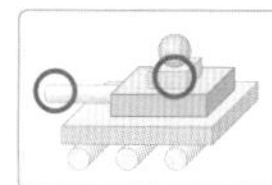

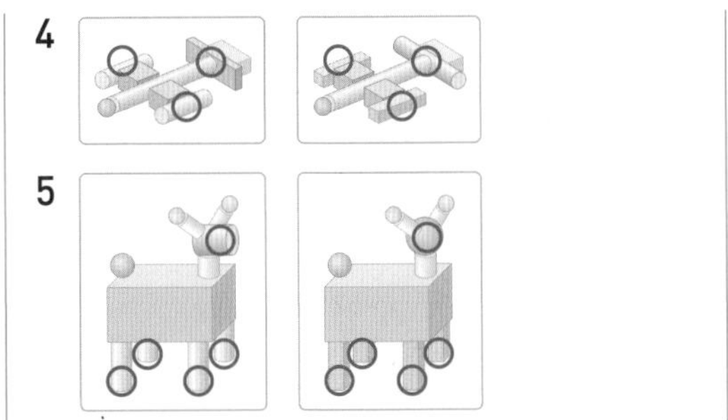

21ab

1 □ 2 △ 3 ○ 4 ○
5 □ 6 △

〈풀이〉

1 모은 물건은 모두 □ 모양입니다.

2 모은 물건은 모두 △ 모양입니다.

3 모은 물건은 모두 ○ 모양입니다.

4 모은 물건은 모두 ○ 모양입니다.

5 모은 물건은 모두 □ 모양입니다.

6 모은 물건은 모두 △ 모양입니다.

22ab

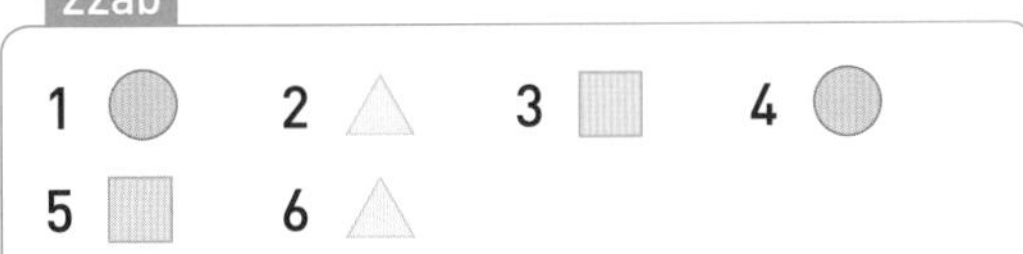

1 ○ 2 △ 3 □ 4 ○
5 □ 6 △

23ab

1 ㉡ 2 ㉠ 3 ㉢ 4 ㉠
5 ㉢ 6 ㉡

〈풀이〉

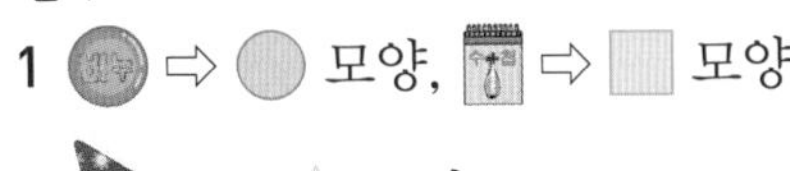

1 ⇨ ○ 모양, ⇨ □ 모양,
⇨ △ 모양

2 ⇨ △ 모양, ⇨ ○ 모양,
⇨ □ 모양

3 ⇨ □ 모양, ⇨ △ 모양,
⇨ ○ 모양

4 ⇨ △ 모양, ⇨ □ 모양,
⇨ ○ 모양

5 ⇨ ○ 모양, ⇨ △ 모양,
⇨ □ 모양

6 ⇨ □ 모양, ⇨ ○ 모양,
⇨ △ 모양

24ab

1 ㉢ 2 ㉡ 3 ㉠ 4 ㉢
5 ㉠ 6 ㉡

25ab

1 ㉢, ㉤, ㉦ 2 ㉡, ㉣, ㉧
3 ㉠, ㉥, ㉨ 4 ㉠, ㉥, ㉨
5 ㉢, ㉤, ㉦ 6 ㉡, ㉣, ㉧

〈풀이〉

1 □ 모양 ⇨ , ,

2 △ 모양 ⇨ , ,

3 ○ 모양 ⇨ , ,

4 □ 모양 ⇨ , ,

5 △ 모양 ⇨ , ,

6 ○ 모양 ⇨ , ,

26ab

1 ㉡, ㉣, ㉧　　2 ㉠, ㉥, ㉦
3 ㉢, ㉤, ㉧　　4 ㉢, ㉣, ㉦
5 ㉡, ㉥, ㉧　　6 ㉠, ㉤, ㉧

27ab

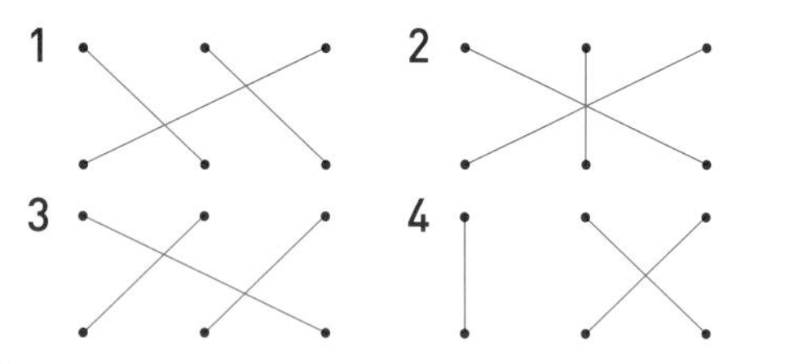

〈풀이〉

1 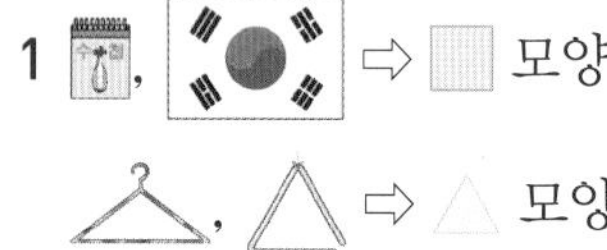 ⇨ 모양

⇨ 모양

 ⇨ 모양

3 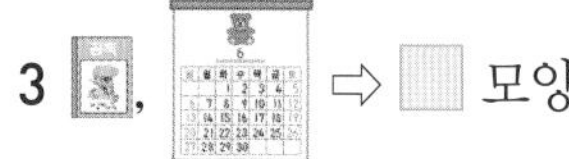 ⇨ 모양

⇨ 모양

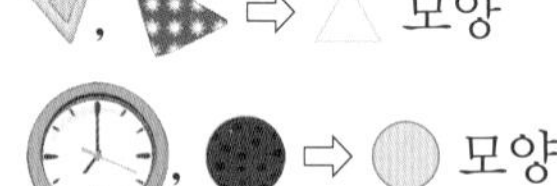 ⇨ 모양

28ab

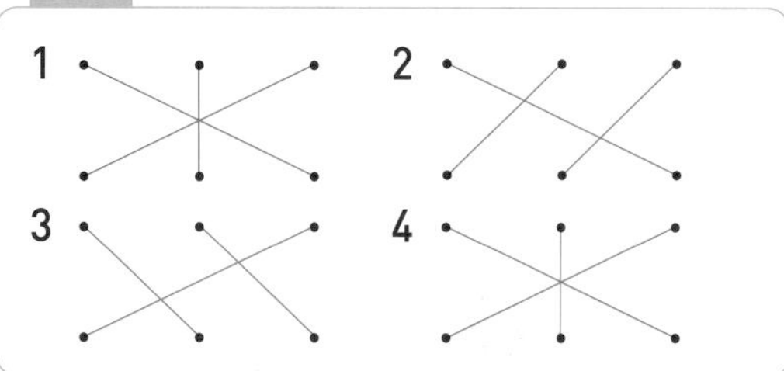

29ab

1 ㉢　2 ㉡　3 ㉠　4 ㉡
5 ㉢　6 ㉠

〈풀이〉

※ 물건의 아랫부분 모양을 봅니다.

1 를 종이 위에 대고 그리면 모양이 그려집니다.

2 를 종이 위에 대고 그리면 모양이 그려집니다.

3 을 종이 위에 대고 그리면 모양이 그려집니다.

4 을 종이 위에 대고 그리면 모양이 그려집니다.

5 을 종이 위에 대고 그리면 모양이 그려집니다.

6 를 종이 위에 대고 그리면 모양이 그려집니다.

30ab

1 ㉢　2 ㉠　3 ㉡　4 ㉢
5 ㉡　6 ㉠

31ab

1 ㉡　2 ㉢　3 ㉠　4 ㉢
5 ㉠　6 ㉡

〈풀이〉

1~3 물감을 묻혀 찍은 물건의 아랫부분이 어떤 모양인지 생각합니다.

32ab

1 ㉠　2 ㉡　3 ㉢　4 ㉡
5 ㉢　6 ㉠

33ab

1 △ 2 □ 3 ○ 4 ○
5 □ 6 △

〈풀이〉

1 뾰족한 곳이 모두 3군데 있는 것은 △ 모양입니다.

2 뾰족한 곳이 모두 4군데 있는 것은 □ 모양입니다.

3 뾰족한 곳이 없는 것은 ○ 모양입니다.

4 500원짜리 동전에서 찾을 수 있는 모양은 ○ 모양입니다.

5 주사위에서 찾을 수 있는 모양은 □ 모양입니다.

6 트라이앵글에서 찾을 수 있는 모양은 △ 모양입니다.

34ab

1 ㉡, ㉥, ㉦ 2 ㉠, ㉤, ㉨
3 ㉢, ㉣, ㉧ 4 ㉠, ㉥, ㉧
5 ㉡, ㉣, ㉨ 6 ㉢, ㉤, ㉦

〈풀이〉

1 뾰족한 곳이 3군데인 모양인 △ 모양을 찾을 수 있는 물건을 모두 찾습니다.

2 뾰족한 곳이 4군데인 모양인 □ 모양을 찾을 수 있는 물건을 모두 찾습니다.

3 뾰족한 곳이 없는 모양인 ○ 모양을 찾을 수 있는 물건을 모두 찾습니다.

4 반듯한 선이 3개인 모양인 △ 모양을 찾을 수 있는 물건을 모두 찾습니다.

5 반듯한 선이 4개인 모양인 □ 모양을 찾을 수 있는 물건을 모두 찾습니다.

6 둥근 부분만 있는 모양인 ○ 모양을 찾을 수 있는 물건을 모두 찾습니다.

35ab

1 □ 2 △ 3 △ 4 △
5 △ 6 □

〈풀이〉

1 이용한 모양은 △ 모양과 ○ 모양입니다.

2 이용한 모양은 □ 모양과 ○ 모양입니다.

3 이용한 모양은 □ 모양과 ○ 모양입니다.

4 이용한 모양은 □ 모양과 ○ 모양입니다.

5 이용한 모양은 □ 모양과 ○ 모양입니다.

6 이용한 모양은 △ 모양과 ○ 모양입니다.

36ab

1 △ 2 □ 3 △ 4 △
5 □ 6 △

37ab

1 2, 1, 2 2 4, 1, 2 3 3, 4, 1
4 1, 5, 2 5 1, 8, 1 6 5, 2, 2

〈풀이〉

1 □ 모양 2개, △ 모양 1개, ○ 모양 2개를 이용하여 만든 모양입니다.

2 □ 모양 4개, △ 모양 1개, ○ 모양 2개를 이용하여 만든 모양입니다.

3 □ 모양 3개, △ 모양 4개, ○ 모양 1개를 이용하여 만든 모양입니다.

4 □ 모양 1개, △ 모양 5개, ○ 모양 2개를 이용하여 만든 모양입니다.

5 □ 모양 1개, △ 모양 8개, ○ 모양 1개를 이용하여 만든 모양입니다.

6 □ 모양 5개, △ 모양 2개, ○ 모양 2개를 이용하여 만든 모양입니다.

38ab

1 4, 3, 2　2 3, 5, 1　3 1, 2, 7
4 1, 3, 3　5 3, 3, 3　6 9, 2, 2

39ab

1 ㉡　2 ㉠　3 ㉠　4 ㉠
5 ㉡　6 ㉠

〈풀이〉

1 보기 에는 □ 모양이 3개, △ 모양이 1개, ○ 모양이 2개 있습니다.
㉠ □ 모양: 4개, △ 모양: 1개, ○ 모양: 1개
㉡ □ 모양: 3개, △ 모양: 1개, ○ 모양: 2개

2 보기 에는 □ 모양이 1개, △ 모양이 2개, ○ 모양이 4개 있습니다.
㉠ □ 모양: 1개, △ 모양: 2개, ○ 모양: 4개
㉡ □ 모양: 3개, △ 모양: 0개, ○ 모양: 4개

3 보기 에는 □ 모양이 3개, △ 모양이 3개, ○ 모양이 1개 있습니다.
㉠ □ 모양: 3개, △ 모양: 3개, ○ 모양: 1개
㉡ □ 모양: 4개, △ 모양: 2개, ○ 모양: 1개

4 보기 에는 □ 모양이 2개, △ 모양이 1개, ○ 모양이 4개 있습니다.
㉠ □ 모양: 2개, △ 모양: 1개, ○ 모양: 4개
㉡ □ 모양: 2개, △ 모양: 0개, ○ 모양: 4개

5 보기 에는 □ 모양이 3개, △ 모양이 2개, ○ 모양이 2개 있습니다.
㉠ □ 모양: 2개, △ 모양: 2개, ○ 모양: 3개
㉡ □ 모양: 3개, △ 모양: 2개, ○ 모양: 2개

6 보기 에는 □ 모양이 5개, △ 모양이 3개, ○ 모양이 1개 있습니다.
㉠ □ 모양: 5개, △ 모양: 3개, ○ 모양: 1개
㉡ □ 모양: 4개, △ 모양: 4개, ○ 모양: 1개

40ab

1 ㉡　2 ㉠　3 ㉠　4 ㉡
5 ㉠　6 ㉡

성취도 테스트

1 (원기둥)　2 ㉠　3 (공)
4 ㉠　5 3, 4, 3　6 ㉡
7 □　8 ㉡
9 (1) △ (2) □ (3) ○　10 수일
11 3, 2, 4　12 ㉠